U0288202

潮汕古建筑营造

纪传英　肖　东　著

中国建筑工业出版社

序一

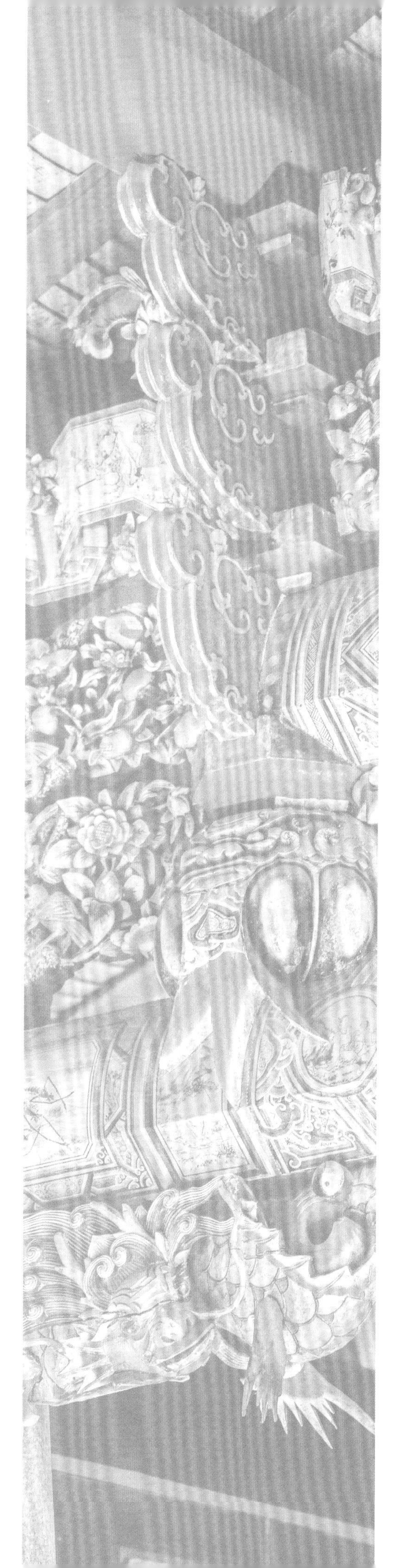

在我国传统建筑的百花园中，潮汕古建筑是一朵耀眼的奇葩，不但特色鲜明，而且做工精细。究其原因，可归于内外两方面，一为外部自然条件所致，潮汕地处亚热带地区，属于海洋性季风气候，夏长冬短、气候潮湿，并受台风袭扰，建筑要考虑抗风、耐晒、耐涝、防蛀等需要；二是社会内部人文因素使然，潮汕域内水系密布，土壤肥沃，但地少人多，航海经商成为人们主要的生活方式。由于航海贸易和对外交流，孕育了潮汕人开放、务实、重商性格，也促进了区域经济和文化的繁荣。这在民间艺术、传统工艺、饮食、民俗等方面都有很好的体现，在古建筑方面表现得更为突出，呈现出兼收并蓄、开放包容的局面，如中原文化与闽粤文化，大陆文化与海洋文化，本土文化与外来文化在此地相互影响，并形成了潮汕别具一格的地方文化特色，呈现出既规整又灵活，既实用又美观的特点。2021年，“潮汕古建筑营造技艺”被列入了第五批国家级非物质文化遗产代表性项目名录。

潮汕建筑的地区特征明显，为适应炎热的海洋季风气候，潮汕单体建筑一般进深较大，以取得避阳纳阴的使用空间；为防台风，屋顶多取硬山式，屋面较北方平缓；为隔热防湿，建筑结构多采用石木、砖木或土木结合方式，即木构架与承重墙相结合。室内梁架以穿斗与抬梁混用为特点，两侧用穿斗式，中间用抬梁式，梁与柱的交接多采用搭柱与插柱相结合。宅邸大门喜用内凹斗门楼，既方便避雨，也强化了入口的重要性。为避免雨水和潮湿造成木构件损坏，迎面的檐柱和过梁常采用石构件，石梁被做成弓背形状，称“虾弓梁”，上面以石雕装饰，雀替、驼峰等也相应采用石构件，同样有精美的雕刻，配以门斗里石砌的台座、石地栿、抱鼓石、石门槛等，展示了潮汕精湛的石作工艺，也营造了入口空间清爽洁净的气息。

由于移民文化的影响，潮汕建筑有着深厚的中原传统文化痕迹，如建筑布局采取内向封闭、中轴对称的院落组合方式，创造了氤氲着浓郁传统文化的形制和风格，如“爬狮”“下山虎”“四点金”“驷马拖车”“百鸟朝凤”等院落格局，形象而生动地表达了潮汕人热爱生活、积极向上的性格和情趣，既与传统文化一脉相承，又与京畿的官宦气和江南的书卷气形成了鲜明的对照，凸显了潮汕人对世俗生活烟火气和乡土气的礼赞。典型屋架形式为“三载五木瓜，五脏内十八块花坯”，所谓“三载”就是三重跌落的直梁，“木瓜”指直梁上下之间起支撑作用的五个矮柱，其间用十八块弯板、花坯等木构件连接，此外在瓜柱上还有起辅助承托作用的华栱和叠斗，这些构件多施以华丽的透雕，尤具装饰性，故而室内梁架通常采用彻上明造式，既利于梁架干爽通风，也成为室内一道亮丽的风景。由于偏安于南海一隅，潮汕地区至今犹存唐宋时期的一些营造古法，如梭柱、月梁、侧角、升起、柱櫍[①]、剳牵等，让人感到礼失而求诸野，在精巧亮丽之中还能领略到一丝古风。此外，人们更多看到的还是富于地方特色的地区做法，如水束、瓜柱、叠斗式斗栱、吊筒、扶壁连栱、驼峰等，别有韵味。民间用扁方的"桷片"直接承接屋面瓦，轻便而通风。遇悬山顶、庑殿顶建筑时，翼角的椽子采用平行直铺法，而非中原地区的放射性铺设。山墙流行"金、木、水、火、土"五行墙头的做法，既丰富了建筑的外观造型，又反映深刻的文化内涵，与江浙地区的马头墙风格迥然不同，是潮汕人对传统文化的地方解读。山墙与后檐墙较多采用夯土做法，材料为灰砂土、贝灰混合而成的"三合土"，夯筑中要掺入红糖水、秫米浆，使之"熟化"，在内外墙结合处及屋角处，要加竹片、木枋、草筋进行加固，以增加夯土墙整体的刚度，由此可见潮汕建筑工序细腻，工艺讲究。

书中较大篇幅讲述了潮汕地区的装饰艺术，说明装饰是潮汕建筑的亮点，潮汕建筑中不管是民居、祠堂，还是庙宇、亭塔，均大量使用琉璃、木雕、石雕、砖雕、嵌瓷、灰塑和油漆彩绘，并达到极高的艺术成就，其中木雕、灰塑、嵌瓷均已独立申报为国家级非物质文化遗产。潮州木雕为我国四大木雕之一，不但施于建筑构件上，也用于家具、礼仪性器物，雕刻技法以透雕为主，浮雕、圆雕配合，雕饰上还涂赭或彩绘、贴金，彩绘按工艺不同分为黑漆装金、五彩装金、本色素雕等；贴金工艺尤为讲究，流程有制漆、滤漆、填料、上漆、干固、贴金等多道工序。潮汕灰塑又称为灰批，形式分为半浮雕、浅雕、高浮雕、圆雕和通雕，主要用在门额窗框、山墙顶端、屋檐瓦脊、亭台牌坊等处。艺人通常根据现场空间和题材类型进行创作，有时还要考虑在景物之中或每组图案之间留出通风孔，以减轻台风对脊饰的冲击。灰塑的材料主要是石灰，有耐酸、耐碱、耐温的特性，适合广东地区炎热潮湿的气候。灰塑一般需要常温下现场制作，无须烧制。潮汕是嵌瓷艺术的发源地，由于炎热、潮湿、海风等因素，潮汕地区的建筑屋脊、屋檐、门楼、照壁的装饰容易损坏，颜色容易脱落，因之催生了嵌瓷艺术。其主要特征是以绘画和雕塑等造型艺术为基础，运用各种色彩瓷片经钳子剪裁镶嵌塑造出各种形象。嵌瓷制作工艺主要有平嵌、浮嵌、主体嵌等技法，构图多采用对称的手法，设色多用对比手法，鲜艳明快，晶莹绚丽。

潮汕地区自古能工巧匠层出不穷，工匠对自己的职业十分自豪，民间对工匠也是非常敬重，因而在潮汕地区产生了一种"斗工"习俗，凡遇有如宗祠、寺庙、宝塔、富人大宅院这些大型建筑工程，东家常常采取"斗

① 柱櫍（zhì），一种结构，它是柱身与底座的过渡部分。

工”方式，邀请两班或两班以上的工匠比试工程质量和手艺，建筑工地因之成了竞技场，工匠们穷尽妙思，各显绝技，客观上提高了潮汕工匠的总体技术水平，许多有名的建筑和传世杰作就是“斗工”斗出来的艺术精品，至今还流传着不少这方面的传说和逸闻，成为潮汕地区别具一格的营造文化。

本书作者纪传英师傅是国家级营造技艺传承人，积 40 年潮汕传统建筑的建造经验，身怀潮汕建筑营造秘技；合作者肖东研究员是一位长期从事文物建筑保护规划和设计的资深学者，对传统建筑保护素有专攻，两人联袂合作，各出所长，对潮汕传统建筑进行了全面系统的解析钩沉，内容囊括了殿宇、民居及公共建筑、近代中西结合式商业骑楼、园林和红色建筑，资料丰富，案例翔实，并配备了大量图片和图例，既从物质遗产层面对潮汕建筑的历史、形制、布局、结构进行了分析，也从非物质文化遗产层面展现了潮汕建筑的营造技艺、工序和习俗。在本书的最后，有对多位工匠的访谈记录，并增加了专业名词的索引与解释，这些内容提升了本书的文献价值和应用价值。相信本书的出版对潮汕传统建筑的保护和传播将起到积极的推动作用。

中国艺术研究院研究员　刘托

2024 年 7 月 20 日

序二

纪传英先生是“潮汕古建筑营造技艺”的代表性传承人，是一位慈祥可亲、德高望重的长者。

我是2016年认识纪传英先生的。他在民国骑楼装饰修缮复原上的高超技艺和一丝不苟的大匠风范令我敬佩。后来我才知道，他原本是一位画家，后来加入了潮汕古建营造队伍，他的艺术视觉、审美水平自然高于一般的工匠。他热爱中国传统文化和潮汕传统建筑，加上刻苦学习和长期深入的钻研终于成为潮汕古建筑营造的名匠和大师，成为潮汕古建筑营造技艺的代表性传承人。

纪传英、肖东著的《潮汕古建筑营造》一书，介绍了潮汕古建筑的地域分布与环境影响，论述了潮汕古建筑的源流、特征、选址布局与设计构思、建造技艺、装饰技艺、建造材料与工具，并阐述了潮汕古建筑的文化和民俗最后谈到潮汕古建筑的传承，重点介绍了纪传英先生的卓越的贡献，以及他在建筑修缮工程中和建筑重建工程中对传统技艺的传承。

该著作既有大段的生动的文字论述，又有许多建筑彩照和建筑平面、立面、剖面图，可谓图文并茂，引人入胜。其中，专门讲解了潮汕民居的11种类型，包括“下山虎”“四点金”“驷马拖车”“三座落”“三壁连”“五间过”“双佩剑”“单佩剑”“竹竿厝”“百鸟朝凤”、围寨，可以说对于不了解潮汕古建筑的读者，是入门的钥匙，是了解潮汕古建筑的很好的教科书。

对于这么一本弘扬中华优秀传统文化，论述潮汕古建筑营造的好书，我得以先睹为快并为之写序，实在是我的荣幸。

是为序。

中国建筑学会建筑史学分会原副会长
中国圆明园学会园林古建分会名誉会长
华南理工大学教授、博士生导师

吴庆洲

2024年9月

前言

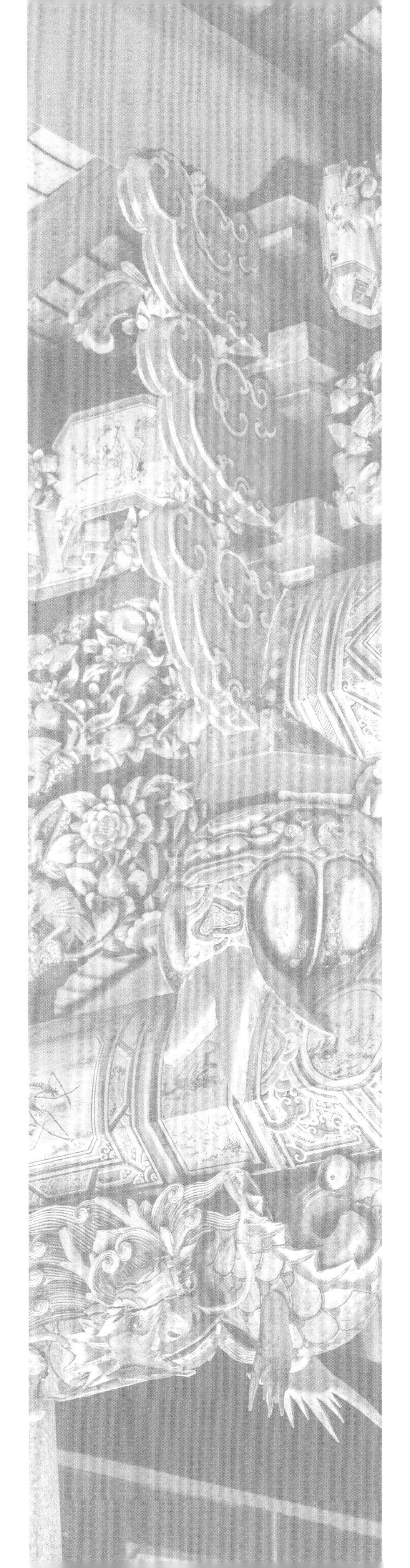

潮汕古建筑是中国传统木结构建筑，其营造技艺是联合国教科文组织“人类非物质文化遗产名录”中“中国传统木结构建筑营造技艺”的重要组成。

潮汕古建筑营造行业在历史长河中鲜为人知，偏安一隅，但它自有“迷人之处”，这里有属于国家级非遗传承项目的潮汕古建筑营造技艺。

潮汕古建筑营造技艺是在岭南潮汕地区特定的自然人文环境中，使用当地的建筑材料、技术工艺形成的。各级文物保护单位是潮汕古建筑物质层面的内容，而潮汕古建筑营造技艺及其传承人是其非物质层面的内容，从有形与无形、静态与活态两个方面，对传统建筑遗产的内涵进行深入阐释。

国家级非遗传承项目“潮汕古建筑营造技艺”的国家级传承人纪传英先生，深耕潮汕古建筑营造几十年，与其团队成员从事古建筑修缮与保护、仿古建筑以及园林建筑等。他们坚守传统建筑文化、汲取潮汕历代能工巧匠的民间智慧，完整保留了潮汕古建筑的优秀技术工艺经验，并积极开展传承工作，其作品遍布潮汕、珠三角、赣鄱大地、闽南以及海外。

在收集资料、撰写本书的过程中，我们从物质遗产层面，对潮汕古建筑的典型作品进行调研、分析，精选了纪传英先生及其团队历年来在国内外具代表性的作品；从非物质遗产层面，与工匠进行访谈，梳理并剖析材料、工具等。在本书的最后，增加了专业名词的索引与解释。

期望本书对中国传统建筑、非物质文化遗产的研究者有一定的参考作用；为潮汕古建筑保护与修缮、仿古建筑的设计与施工提供借鉴；同时，也为中国传统建筑或者潮汕传统建筑的爱好者提供学习与了解的途径。

目录

第一章 绪论

中国传统建筑是以木构架建筑为主的建筑体系，由多个小体量、多单体建筑形成多级递阶系统[①]。由于中国地域辽阔，地形地貌特征不同，气候多样，形成具有地域特征的建筑形态。

① 侯幼彬. 中国建筑之道 [M]. 北京：中国建筑工业出版社，2011：65-66.

岭南地区与潮汕地区概述

第一节

岭南地区主要指广西东部至广东东部与湖南、江西交界以南的地区，是我国南方五岭以南地区的简称。五岭是指长江与珠江流域之间的一组山脉，由湘桂之间的越城岭、都庞岭、萌渚岭，湘南的骑田岭，以及赣粤之间的大庾岭组成。岭南地区地形复杂多样，有山脉、河流、山地、丘陵、台地及平原等多种地形。北回归线横穿岭南中部，有热带、亚热带不同的气候类型，以亚热带气候为主。

由于自然环境、气候、建筑技术的影响，岭南传统建筑空间形态主要表现为小开间、大进深。岭南传统建筑主要分为广府、客家、潮汕三个主要类型。

潮汕地区位于岭南地区的东部、广东东南沿海地区，由汕头、潮州、揭阳、汕尾四个市组成。潮汕传统建筑指汕头、潮汕、揭阳等大潮汕地区的民居、宗祠、庙宇，以夯土墙为围护系统并支承屋顶的荷载，以青瓦、滚筒瓦陇为屋面，以金木水火土为厝头，以嵌瓷、木雕、石雕为主要特色。

第二节 传统营造技艺概述

联合国教科文组织（UNESCO）管理遗产的组织有两个：世界遗产中心（World Heritage Centre）和活态遗产处（Living Heritage Entity）（图1-2-1）。

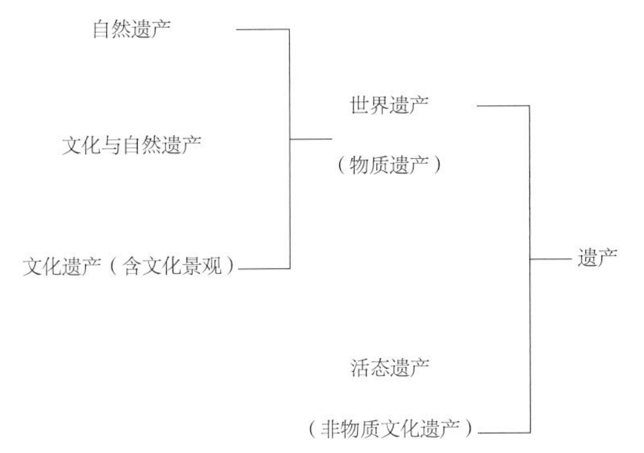

图1-2-1 遗产构成图

世界遗产包括世界文化遗产（含世界文化景观）、世界自然遗产、世界文化与自然遗产。截至2023年，全球共有1199项世界遗产，包括文化遗产933项，自然遗产227项，混合遗产39项。中国自1985年加入世界遗产公约，截至2024年，共有59个项目被联合国教科文组织列入《世界遗产名录》，其中，世界文化自然双重遗产4处，世界自然遗产15处，世界文化遗产40处，总数居世界第一位。

2003年10月，《保护非物质文化遗产公约》在联合国教科文组织第32届大会上通过，保护以传统、口头表述、节庆礼仪、手工技能、音乐、舞蹈等为代表的非物质文化遗产。公约指出，在30个国家和地区批准通过此公约后3个月正式生效。中国于2004年8月加入该公约。2006年4月21日，《保护非物质文化遗产公约》正式生效。

2018年教科文组织总部文化部门（Culture Sector）重组，承担"非遗公约"秘书处职能的非物质文化遗产科（Intangible Cultural Heritage Section）更名为"活态遗产处"（Living Heritage Entity），并从归属于教科文组织创意处（Division for Creativity）变更为与教科文组织世界遗产中心等其他四个机构并列，直接对文化助理总干事（ADG/CLT）负责（Document 205 EX/3.INF.2）。[①]

联合国教科文组织与中国的非物质文化遗产分类见表1-2-1所列。

至2023年12月，中国列入联合国教科文组织非物质文化遗产名录（名册）项目共计43项，总数排世界首位。在这些项目中，"中国传统木结构营造技艺"等35项列入人类非物质文化遗产代表作；"中国木拱桥传统营造技艺"等7项列入急需保护的非物质文化遗产名录；2012年，"福建木偶戏后继人才培养计划"列入优秀实践名册。

2006—2021年，国务院先后公布了5批国家级项目的名录。其中，前三批名录名称为"国家级非物质文化遗产名录"，2011年《中华人民共和国非物质文化遗产法》实施后，第四批名录名称改为"国家级非物质文化遗产代表性项目名录"，一共10个类别合计1557个国家级非物质文化遗产代表性项目，按照申报地区或单位进行逐一统计，共计3610个子项。国家级非遗代表性项目名录中，传统技艺类共629个子项，占总数的17.4%。与建筑营造技艺相关60个子项，占传统技艺类总数的9.5%，占国家级非遗项目总数的1.7%。其中，以传统建筑营造技艺特别是木结构营造技艺为主（表1-2-2、表1-2-3）。

传统木结构建筑营造技艺的主要研究对象有以下六个方面：

（1）建筑遗存：基本特征、分类等。

（2）营造技术与工艺：结构、构造、施工等。

（3）营造习俗：时间、仪式等。

（4）营造工具：通用与特殊工具、设备等。

（5）传承人与非遗社区：工种、谱系、传承人、参与人、研究者等。

（6）组织事项：组织方式、资金来源等。

① 郭翠潇. 从"非物质文化遗产"到"活态遗产"——联合国教科文组织术语选择事件史循证研究[J]. 西北民族研究，2023（6）：106.

非物质文化遗产分类 表 1-2-1

联合国教科文组织非物质文化遗产的分类	中国非物质文化遗产的分类
(1)口头传统和表现形式，包括作为非物质文化遗产媒介的语言 (2)表演艺术 (3)社会实践、仪式、节庆活动 (4)有关自然界和宇宙的知识和实践 (5)传统手工艺	(1)民间文学 (2)传统音乐 (3)传统舞蹈 (4)传统戏剧 (5)曲艺 (6)传统体育、游艺与杂技 (7)传统美术 (8)传统技艺 (9)传统医药 (10)民俗

列入国家级非物质文化遗产代表性项目中与建筑相关项目 表 1-2-2

序号	项目编号	名称	公布时间
1	Ⅷ-27	香山帮传统建筑营造技艺	2006
2	Ⅷ-28	客家土楼营造技艺[客家民居营造技艺(赣南客家围屋营造技艺)]	2006/2011/2014
3	Ⅷ-29	景德镇传统瓷窑作坊营造技艺	2006
4	Ⅷ-30	侗族木构建筑营造技艺	2006/2008/2021
5	Ⅷ-31	苗寨吊脚楼营造技艺	2006
6	Ⅷ-174	官式古建筑营造技艺(北京故宫)	2008
7	Ⅷ-175	木拱桥传统营造技艺	2008
8	Ⅷ-176	石桥营造技艺	2008
9	Ⅷ-177	婺州传统民居营造技艺	2008
10	Ⅷ-178	徽派传统民居营造技艺	2008
11	Ⅷ-179	闽南传统民居营造技艺	2008/2014
12	Ⅷ-180	窑洞营造技艺	2008/2011
13	Ⅷ-181	蒙古包营造技艺	2008/2021
14	Ⅷ-182	黎族船型屋营造技艺	2008
15	Ⅷ-183	哈萨克族毡房营造技艺	2008
16	Ⅷ-184	俄罗斯族民居营造技艺	2008
17	Ⅷ-185	撒拉族篱笆楼营造技艺	2008
18	Ⅷ-186	藏族碉楼营造技艺[碉楼营造技艺(藏族碉楼营造技艺)]	2008/2011
19	Ⅷ-208	北京四合院传统营造技艺	2011
20	Ⅷ-209	雁门民居营造技艺	2011
21	Ⅷ-210	石库门里弄建筑营造技艺	2011
22	Ⅷ-211	土家族吊脚楼营造技艺	2011
23	Ⅷ-212	维吾尔族民居建筑技艺(阿依旺赛来民居营造技艺)	2011
24	Ⅷ-237	古建筑模型制作技艺	2014
25	Ⅷ-238	传统造园技艺(扬州园林营造技艺)	2014
26	Ⅷ-239	古戏台营造技艺	2014
27	Ⅷ-240	庐陵传统民居营造技艺	2014
28	Ⅷ-241	古建筑修复技艺	2014

续表

序号	项目编号	名称	公布时间
29	Ⅷ -283	潮汕古建筑营造技艺	2021
30	Ⅷ -284	彝族传统建筑营造技艺（凉山彝族传统民居营造技艺）	2021
31	Ⅷ -285	传统帐篷编制技艺	2021
32	Ⅷ -286	关中传统民居营造技艺	2021
33	Ⅷ -287	固原传统建筑营造技艺	2021

列入国家级非物质文化遗产代表性项目中与建筑构件相关项目 **表 1-2-3**

序号	项目编号	名称	公布时间
1	Ⅷ -32	苏州御窑金砖制作技艺	2006
2	Ⅶ -37	徽州三雕（婺源三雕）	2006
3	Ⅶ -38	临夏砖雕 [砖雕（山西民居砖雕）、砖雕（固原砖雕）]	2006/2008/2014
4	Ⅶ -34	曲阳石雕	2006
5	Ⅶ -36	惠安石雕	2006/2021
6	Ⅶ -40	潮州木雕	2006/2008
7	Ⅶ -43	东阳木雕	2006
8	Ⅷ -91	临清贡砖烧制技艺	2008
9	Ⅶ -86	砖塑（鄄城砖塑）	2008
10	Ⅶ -87	灰塑	2008
11	Ⅶ -96	建筑彩绘（白族民居彩绘、陕北匠艺丹青、炕围画、传统地仗彩画、北京建筑彩绘、中卫建筑彩绘）	2008/2011/2021
12	Ⅶ -56	石雕（嘉祥石雕）	2008
13	Ⅶ -66	彩扎（彩布拧台）	2008
14	Ⅶ -102	清徐彩门楼	2011
15	Ⅶ -58	木雕（莆田木雕、剑川木雕、通山木雕、泉州木雕、藏族扎囊木雕）	2011/2014/2021
16	Ⅷ -281	水碓营造技艺（景德镇瓷业水碓营造技艺）	2021

对于传统建筑营造技艺的研究由来已久。早期建筑历史与理论的学者研究宋《营造法式》、清《工程做法则例》等；21 世纪后，对于传统建筑营造技艺的研究增多并有相应成果呈现，多位学者将研究视角聚焦各地传统建筑、民居等营造技艺，也有学者专注于传统建筑工具、地域传统建筑文化等方面。

潮汕古建筑作为岭南传统建筑中一个重要的类型，许多学者从建筑形态、装饰、相关地域建筑的比较等方面进行了大量研究。2016 年，潮汕古建筑营造技艺列入汕头市龙湖区第五批非物质文化遗产项目；2017 年，列入汕头市第五批非物质文化遗产项目；2018 年，列入第七批广东省非物质文化遗产代表性项目名录；2021 年，又列入第五批国家级非物质文化遗产项目名录。

但是，系统研究潮汕古建筑营造的著作较为匮乏。本书借鉴各位学者的研究成果，调研了大量的资料，对潮汕古建筑营造进行了较为系统的研究。

潮汕古建筑营造

第二章　潮汕古建筑的地域分布与环境影响

第一节　地域分布

第二节　自然环境

第三节　人文环境

第四节　潮汕古建筑的源流

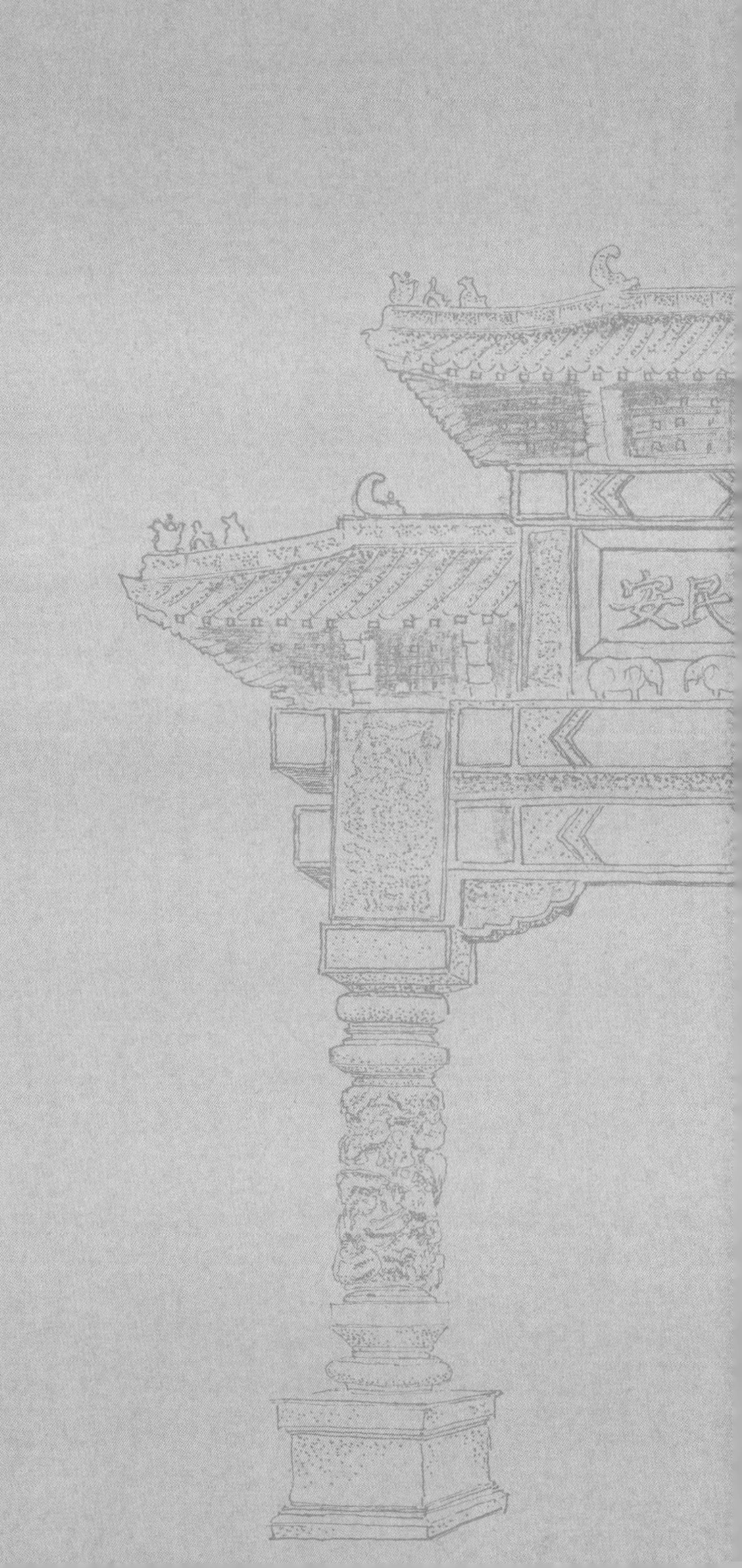
安民

第一节 地域分布

潮汕地区是一个文化上的区域概念，位于岭南地区东端、广东省东部，北面是兴梅地区，西侧为惠阳地区，东面为福建的闽南地区，南临南海，包括汕头、潮州、揭阳、汕尾。整体地势西北高东南低，东北和西北多高山，东南临海，形成一个内陆比较封闭、海岸线较长的小区域。区域内水网密布，韩江、榕江、练江三江川流而过，中下游有河谷平原和河口冲积平原。山地和丘陵区域较大，占本地区整个面积的 70%；而平原较小，占 30%；有 278km 长的海岸线和广阔的海域。

第二节 自然环境

潮汕地区位于热带与亚热带之间，北回归线恰好从本地区中部穿过，终年日平均气温高于 10℃，日照足，基本无霜雪，夏长冬暖，四季如春，繁花似锦。潮汕地区气候湿润，雨量充沛，台风暴雨等自然灾害频繁。温暖潮湿的气候使得当地的森林资源丰富，常绿季风阔叶林分布区域十分广阔，植物层次较多，杉树、樟树等树种均为优良建筑材料。

第三节 人文环境

潮汕地区有着悠久的历史，有“在禹贡为扬州之域”“在春秋为百越地”“在汉为南越地”的说法。在秦朝统一之前，潮汕地区人烟稀少，有一支古越族人在此繁衍生息之地。秦朝统一中国后，朝廷向南方派兵、屯军戍边，历史上记载着秦王下令50万中原人迁徙留驻岭南的历史。汉朝，作为百越之地的岭南统一于中央王朝。西汉元鼎元年（公元前116年），设置揭阳县，属南海郡，管辖现在粤东的潮汕、兴梅以及闽南的龙溪、漳浦一带。西晋怀帝永嘉年间（307—313年）的“八王之乱”，中原民众因避乱逃荒源源南来，造成又一次移民高潮。这次移民有两条路径，一部分民众从河套以东（现在山西省）迁移至福建沿海，在定居一段时间后又逐渐迁入潮汕，他们通常被称为“福佬”；而另一部分民众沿江西一带进入潮汕，常常被称为“河佬”。他们扎根在潮汕地区，繁衍生息，带来了当时先进的中原文化，也逐渐同化了越族。

潮汕地区既有山区与平原，又面临大海，蕴藏着丰富的自然资源。由于濒临南海，气候较为宜人，而且土地十分肥沃，适合种植各种农作物，商业经济十分发达，手工业鼎盛。到宋代，国内及海外的陆路、水路商贸活动已经非常活跃，特别是对外贸易十分重要，因此，许多行业也取得了很大的发展。以陶瓷业为例，潮州笔架山的瓷窟鳞次栉比，绵延2km，被称为“百窟村”，这里生产的瓷器源源不断地远渡重洋，销往世界各地。潮汕地区成为经济非常发达的地区，资金雄厚，出现了许多富商大贾。

潮汕地区在经济兴盛的同时，也出现了文化的发展。在唐代，有韩愈等12位贤臣良相被贬谪到潮汕任职，他们带来了中原地区先进的生产技术和文化，既促进了当地的经济发展又使得文化繁荣；与此同时，催生了唐、宋潮汕地区的“潮州八贤”，即唐代的赵德，宋代的王大宝、许申、林巽、刘允、张夔、卢侗、吴复古。还有刘景、许闻海、许珏等名公巨卿、宰相、驸马。至明、清时期，潮汕地区的整体文化水平更是达到一个新高度，有状元林大钦，兵部尚书翁万达，礼部尚书盛端明，兼礼部、兵部尚书的郭之奇，南京礼部尚书黄锦，大理寺卿周光镐，太常寺卿林熙春，御史薛侃、辜朝荐，按察史黄国卿等。众多仕宦贤达衣锦还乡时，为了显功扬名，常常兴建祠堂与宅院，将自己的生活追求、文化理想、人文修养都融入这些建筑中，经济的繁荣、文化的发展和大量官吏的兴修建筑，促进了潮汕传统建筑的形成。

潮汕地区人多地少，人口密度在全国居于高位，在各行各业、衣食住行中形成独特的地域特征。农业以精耕细作、优质高产而著称，“种田如绣花”就是讲的潮汕地区耕作的特点。潮州音乐的节律清丽、绵密；潮剧戏的古典韵味婉转、清幽；潮绣构图饱满、均衡、色彩浓艳，抽纱具有轻盈、通透、淡雅的艺术效果，建筑装饰中的金漆木雕、石雕、嵌瓷、描金漆画，以及潮汕工夫茶、潮州菜……这些都充分体现了“精致”一词的内涵。在精雕细琢中感受温柔、妥帖的慰藉、在浓烈的现世情怀中品味儒雅、风流的古意。

潮汕地区的民众有很强的消化吸纳能力，将许多外来文化经过消化吸纳甚至成为极具地域特征的物品。例如由西方传入纺织服装行业的“汕头抽纱”，来自福建武夷山茶文化的“潮汕工夫茶”，来自客家美食文化的“潮汕牛肉丸”……潮汕人在消化吸纳外来文化的过程中，十分精心地依照自己的风格将其改造、完善，成为地域特色，使人深深地感受到特有的潮汕韵味。潮汕文化的本质是世俗性的，其文化特质深深扎根于最广泛、最日常的世俗社会生活中，最具稳定性、渗透性，拥有众多忠实的文化维护者和践行者。

第四节

潮汕古建筑的源流

潮汕人有极强的吸纳外来文化的能力，又有以不瘟不火的用心和纯正细腻的做工而将“精致”一词发挥到淋漓尽致的能耐；在营造生活空间——建筑时，更是不惜财力、物力、时间，只求豪华，力求尽善尽美。

一、潮汕古建筑在岭南地区的独特性

岭南地区历史上形成具有鲜明特色的传统地域文化。岭南文化通常分为广东文化、桂系文化、海南文化三部分，广东文化又由广府文化、潮汕文化、客家文化组成，成为岭南文化的核心和主体[①]。

广府、客家、潮汕同是岭南文化的主体，但又是独立的文化分支，在建筑方面，其聚落布局、建筑形态、材料工艺及其装饰上也各有特色和侧重。

广府建筑的大部分村落是梳式布局和三间两廊式合院，或者称平面网格布局；也就是指整个村落的形式，宗祠是整个村落的精神核心，同时，所有村落的村前会有水塘。以一条街巷为轴线，民居位于街巷两侧，一个院落套一个院落。广府民居通常注重通风与阴凉的要求。砌筑墙体的材料有三合土、卵石、蚝壳、黏土砖等，石灰作为主要的黏结材料。单体建筑方面，广府建筑的典型代表为镬耳屋，其瓦顶建龙船脊和山墙筑镬耳顶，用于压顶挡风。外墙壁常常用花鸟、人物图案，陶塑、灰塑是非常典型的装饰工艺。

潮汕建筑因受环境气候、人文等因素的影响，一般讲究藏风聚气，大多数民居都为“四点金”或“下山虎”格局，以家庭（或家族）独居形式布局。富豪人家也有以宗祠为中心，以若干座“四点金”和街、巷相隔，形成“驷马拖车”或“百鸟朝凤”的大厝。建筑墙体材料多用夯土墙、灰砖墙，贝壳灰、河砂、岗土为主要的黏结材料。潮汕古建筑的瓦顶中脊为工字脊，厝头为“金、木、水、火、土”五行山墙厝头。屋面装饰主要为嵌瓷、局部灰塑、彩绘，其中嵌瓷是比较独特的技艺（图 2-4-1）。

图 2-4-1　普宁洪阳德安里（哈比　摄）

二、潮汕古建筑的发展

建筑在一定时间范畴内存在和发展有其因缘关系。闽南、潮汕两地因地理位置的相近、气候相似，而且在大移民中，闽南是潮汕移民的一个重要来源，其文化在各个层面上有着千丝万缕的交融。中原文化对两地原住居民产生影响及相互吸收而逐渐整合，形成闽南文化和潮汕文化既有自身特色又有着相同和相通之处，可以看出其历史渊源。另外，可以从相近的方言交流中，相互理解。而宗教信仰、贸易方式、侨乡文化等方面，两地都较为相似，同时也有着长期的联系和相互影响。自然与人文环境影响着建筑构造，反过来建筑也是充分反映了人们的生活、思想。

1. 明代中期潮汕传统建筑呈现中原文化的影子而地域特色初现

在明代，从史料和目前的建筑实物来看，嘉靖年间（1522—1566 年），潮汕地区人口倍增，有 50 多万，是一个人口稠密的地区，工商业振兴，市场繁荣，商贸发达，人才辈出，刺激了手工业的发展，加上兴修水

① 蔡海松. 潮汕民居 [M]. 广州：暨南大学出版社，2012：1.

利，粮食丰收，潮汕地区出现了一个传统建筑营造的高潮。

建筑平面布局注重中轴对称、主次分明。内部设有天井，而朝向天井的门窗宽敞明亮，而外部相对封闭。为了防止台风对建筑的破坏，屋架多为硬山顶，屋脊较平直，起翘较少。石质地面、檐柱、柱础被大量使用，柱础采用脱珠、连珠与落地柱结合，使地面构造与地下基础刚柔相济；梁架外侧使用穿斗式结构，内部使用抬梁式，墙体与大木结构分离，既抗震又防风。此外，这个时期的建筑恢宏大气，平面对称、严谨、质朴自然、落落大方；装饰比较简洁，内容多为花草，雕刻构件讲究与整体梁架和谐，这个时期的建筑反映了中原建筑文化在潮汕地区的广泛传播，标志着具有潮汕地域特色的传统建筑已经形成。

2. 清代早期潮汕传统建筑吸收闽南建筑等精华并走向成熟

由于传统的农业无法容纳越来越多的劳力，在生存压力的作用下，大批潮汕人漂洋过海到南洋等地谋生，开拓基业，被称为“过番”当“番客”。潮汕对外贸易繁荣了经济，使潮汕地区在清康熙后期至清乾隆年间出现了自明嘉靖年间以来的第二个传统建筑营造的高潮。潮汕传统建筑结合日益鲜明的当地文化，有了具有地域特色的成熟风格与系统做法。

在祠堂建筑方面，从汕头达濠的“乌字祠”“红字祠”和南澳的“康氏宗祠”可看到凹斗门楼全部为石作，门框、梁架、立柱、四周墙壁均模仿木结构的形式，全部构件仿木结构用榫卯连接和加固。同时，在梁架、石壁肚上也全部用石雕装饰，构成了一个非常坚固又具有特色的石门楼。这些展现出潮汕乡土建筑从引进、吸收、消化中原汉化建筑、闽南建筑等精华，逐渐形成了有潮汕地方特色的传统建筑，并走向成熟。

3. 清代后期潮汕传统建筑注重豪华精美

清咸丰九年（1859 年），因第二次鸦片战争失败，汕头开埠。这深刻地影响了潮汕的社会经济与政治文化。汕头开埠后，逐渐发展成为潮汕乃至粤东、闽西、赣南主要通商口岸，商贸的发展促进了经济繁荣。同治、光绪年间，潮汕社会繁荣，文化进步，手工业发达，民间艺术空前发展，早年“番客”经历了两三代人的开拓和发展，许多人事业有成，积累了一定财富，希望落叶归根，回祖上起厝，以光宗耀祖，造福子孙。建祠堂、起大厝，是潮汕人的梦想，在当时成为一种时尚。人们为了炫耀，不惜资金，在建造时力求豪华、尽善尽美，加上当时民间各门类的艺术发展达到了高峰，使潮汕在清代光绪年间迎来了第三个传统建筑营建的高潮。这期间的建筑，在规模、工艺、艺术水平上都是空前的。建筑大量采用石雕、木雕、描金漆画、灰塑、嵌瓷，并且做工精致，精雕细琢，其中不少建筑成为潮汕乡土建筑的经典之作。

在建筑装饰上，题材非常丰富，以历史人物、戏剧故事、民间传说、博古静物、花果草虫、江海水族等内容最常见。装饰语义常常体现吉祥的含义，工匠喜欢将人们日常生活中最熟悉的自然景物、生活习俗、喜好巧妙地融汇并表现出来，借以抒发人们对美好生活的祈盼和对未来前程的祝愿。这期间的各种装饰，人物形象接近真实，动物造型、花卉写实生动，建筑强调装饰美，注重精细繁缛的雕刻，建筑给人以精致、细腻、艳丽豪华的感觉，充分展现出潮汕传统民居建筑趋于复杂奢华的一面。

位于潮州市潮安区彩塘镇金砂一村的从熙公祠是这一时期祠堂建筑中的“天花板”，现为全国重点文物保护单位，为旅居马来西亚的侨领陈旭年于清同治九年（1870 年）至清光绪九年（1883 年）所建（图 2-4-2）。

从熙公祠将潮州古建筑的传统风格和技艺发挥到

图 2-4-2 潮州从熙公祠（蔡海松 摄）

极致，集石、木、嵌瓷工艺之大成，其杰出的设计方法和独特的雕刻样式是潮州建筑艺术的典范之作，特别是出神入化的镂空石雕装饰，被誉为晚清潮州民间建筑的瑰宝。

4. 辛亥革命至抗战前西方建筑出现

辛亥革命后至抗战前，汕头市的形成和发展带旺了南北与对外贸易。第一次世界大战使世界经济萎缩，南洋一带"番客"种植经营的橡胶、胡椒和甘蜜遭受了重创。为避免资本损失，之前的"番客"纷纷返乡起厝置业，侨资的大量涌入，促使潮汕经济极速发展，同时，对外贸易促进了本土与外来文化、技术的交流，潮汕传统建筑营造也开始引进西方建筑的形式和材料，这段时间也可视为潮汕传统建筑第四个建筑营造高潮。这期间营造的建筑延续了清光绪年间以来建筑规模宏大、质量优良、工艺精致的特色，并且在传统建筑基础上营造了一批糅合中西建筑风格的建筑。

这时间营造的乡土民居建筑，平面布局大多遵循传统的宗法观念，平面中轴对称，强调主次、长幼和尊卑，体现中华传统文化的中庸之道。许多府第、大厝始终按传统在中心位置布置主体建筑"四点金"或"三座落"，在左右围厝和后包采用中西结合的形式建起叠楼，在后包也兴建小洋楼，并大量使用西方装饰纹样和建筑材料。其中最典型的有澄海隆都的陈慈黉故居、潮安彩塘的仰德里。从这些乡土建筑可看到潮汕人在营造家园时始终把传统思想和文化作为主旋律，大胆吸收外来的建筑形式及细部装修风格和建筑材料，使中西建筑文化得到了充分交流，形成了丰富多彩而又别具一格的乡土建筑。

三、潮汕古建筑的主要类型概述

从秦汉开始，潮汕传统建筑采用院落式的形态，以民居为基本建筑类型，为满足人们出现的各种各样新的需求，逐渐形成了多种建筑类型，主要包括宗祠建筑、宗教建筑、园林建筑、商业建筑和书院、会馆、城楼、塔幢等其他公共建筑。

（1）民居建筑：潮汕乡村规模巨大，保留着唐宋世家聚族而居的传统。大多以宗祠为中心，民居建筑围绕宗祠展开，相连形成外部封闭而内部敞开的建筑模式，发展出诸如"下山虎""四点金""五间过""三座落""双佩剑""驷马拖车""百鸟朝凤"等各种各样的建筑布局形式。民居建筑往往中轴对称、向心围合，以天井为中心，是古代世家大族居住的府第式民居体系在潮汕地区的延续。代表性建筑有潮州许驸马府、澄海陈慈黉故居、普宁德安里等。

（2）宗祠建筑：也称为祠堂、祖祠、家庙，是供奉祖先神主（即俗称的牌位）、宗族祭祀祖先的场所。潮汕人历来重视修筑祠堂，祠堂代表着一个姓氏宗族的精神表征，因此"聚族而居，族必有祠"。代表建筑有潮安丁官大宗祠、从熙公祠、己略黄公祠，揭阳吴氏宗祠（著存堂）、狮头梁氏宗祠，汕头蓬洲大司马家庙等。

（3）宗教建筑：是从事宗教活动的场所，包括佛教的寺、塔、石窟寺，道教的庙观等。潮汕地区宗教信仰丰富，除了佛教的庵寺、道教的庙观，还有大量民间信俗所供养的神仙、古代英雄人物的庙宇，如妈祖

图 2-4-3　普宁城隍庙（姚艺婷　摄）

庙、文庙、武帝庙、北帝庙、城隍庙、三山国王庙等。较有代表性建筑有潮州开元寺、潮阳灵山寺、潮阳古雪岩寺、新加坡粤海清庙、浮陇三山国王庙、普宁城隍庙（图 2-4-3）、南澳武帝庙、汕头天坛花园等。

（4）园林：是供人们游憩或观赏用的场所，园林中的建筑物起到造景的作用，为游览者提供观景的视点和休憩、活动场所。潮汕园林初始于宋，成熟于晚清、民国，属于岭南园林的一部分，较有代表性的有汕头潮阳西园（图 2-4-4）、澄海西塘、潮州莼园、揭阳植丰园等。

（5）商业建筑：是人们进行商业活动的场所。清朝政府与英、法、美签订了《天津条约》，开放潮州港，汕头开埠后，潮汕开始出现融入西方建筑文化的近代商业建筑。代表性建筑有汕头小公园历史文化街区骑楼、潮州牌坊街骑楼、揭阳中山路骑楼等。

（6）公共建筑：是指供人们进行各种公共活动的建筑，包括书院、会馆、城楼等。比较有代表性的建筑物有汕头蓬沙书院、揭阳学宫、越南胡志明市潮州义安会馆（关圣帝君庙）、潮州广济楼、汕头达濠古城、潮州凤凰塔、潮阳文光塔、涵元塔等。

图 2-4-4　潮阳西园（陈钊全　摄）

四、闽南建筑的影响

1. 选址

潮汕与闽南建筑的选址都受风水影响。在选地与营建时总要事先请人相地，看风水，定阴阳五行。负阴抱阳，背山面水，是风水术中择地的基本原则和基本格局。通常倾向于选择门前有水的位置，如果没有则会挖土开池。民众认为“门前有水，财源茂盛”“大门迎水而开，面向河流上游，表示财势源源而来”。先民们在无能耗的条件下因势利导地创造出良好的自然通风、宜居的生活环境。民居大部分坐北朝南，背风向阳，靠山面水，沿路边桥头而建造。其实所谓的“吉利”也就是要争取就近取水，采光良好，空气通畅，交通方便。

潮汕传统村落的选址注重近山、近水、近田、近交通。潮汕村落中流行的风水理论是形势派和理气派的结合。形法主要体现在潮汕村落追求“靠山、环水、面屏”的环境意象，概指近视的、小的、个体的、局部性的、细节性的空间构成及其视觉感受效果。势，概指远观的、大的、群体的、总体性的、轮廓性的空间构成及其视觉感受效果。形法在运用中讲究形与势的结合。在潮汕的丘陵山地，有龙可觅、有砂可察，肉眼能够观测到具体的地势起伏变化，容易选取中意的山形水态，并通过山体环伺以聚气，后有“座山”，前有“案山”“朝山”，如潮州巷口乡、坑门乡、东察乡的宅居地选址。平原地区，则偏于意念性的聚气之地，而不在于构成聚气的实体要素能否达到聚气效果[①]。

2. 建筑平面布局

潮汕与闽南的祖先都是从中原直接迁入的，两者的思想观念、生活习俗有着中原的基因。中轴对称、院落组合的平面布局，木结构体系和装饰体系等是我国传统建筑的共同特征。体现了父权制度、男女尊卑、主仆有别的伦理秩序。潮汕地区也有先从中原迁徙到福建短暂驻足后，再迁入潮汕的。因此，潮汕民居受闽南文化影响，两者民居的平面布局颇为相似。

潮汕与闽南民居的平面布局主要是“一明两暗”型、“三合天井”型或是“四合中庭”型为核心，平面方整，中轴对称，天井狭小，有别于北京四合院；封闭，有护厝，入门多为凹斗门。其空间的使用功能受人们日常生活、习俗及思想观念的制约，主要有厅堂、卧室、廊道、庭院、天井。“三合天井”在闽南的漳州被称作“爬狮”或是“下山虎”，这与潮汕的称谓一致；在泉州同样的“四点金”建筑形式则被称为“三间张”或“五间张”，也称为“皇宫起”。但是，后厅两旁房间略有差异，闽南民居后面的房间会比潮汕民居的多出两间后房。

3. 立面处理

在立面处理上，潮汕与闽南地区的大门都呈凹斗状，基本对称，注重装饰处理，外形规则严谨。

潮汕民居建筑主色为灰白色，正立面可能有也可能没有小窗，整体外立面比较封闭，建筑通风、采光靠的是开向天井的大窗和山墙面的气窗或其他小窗。大门呈凹斗状，左右两侧有“壁肚”，以利收气。“财气”从大门入后积聚于天井，再通过各房门窗“吸”进屋里。若房间对外开窗就会使财气外泄。整个造型变化，主要采用外立面协调比例、线条的排列组合、材料的变化，及细部装饰等手法来调整。另外，墙基不明显；屋面左右高低不明显，且多为两边因山墙而围合的高于主体建筑；侧面上，前低后高，步步抬升，闽南也有同样的处理手法。

闽南建筑主色为砖红，从正面看，闽南的建筑造

① 潘莹. 潮汕民居 [M]. 广州：华南理工大学出版社，2013.

图 2-4-5　嵌瓷（姚艺婷　摄）

型主次分明，前低后高，中间高两边低。建筑左右对称，有节奏，使得立面并不单调。闽南民居正面常常设较大的窗户，窗体材料以石材为多。在闽南立面墙体上的墙基比潮汕要明显突出一些，在闽南建筑基层主要以条石构筑，如白石或青石。

4. 屋顶造型

屋顶造型多为硬山顶和悬山顶。硬山式可防台风侵袭，有的还在瓦上压砖。以不同的屋脊分出主次与前后并加以连接，使得大型民居富有韵律，立面非常丰富。以中轴线为主，主辅屋面组合，步步升高。屋顶做叠层，有假叠层，也有双叠层。

闽南建筑以棕褐色屋面、白色山花、朱红山墙和绿色的琉璃花饰或者是红砖红瓦为主调，色彩温暖热情。屋顶通常是双曲线，富有变化，屋面和屋脊也是曲线，曲线从房屋中点开始向外向上起翘，正脊多半呈弧形曲线，向两端翘起如同燕尾，因此也称为燕尾脊。闽南建筑的硬山做法着意于鲜艳色彩，把山墙与檐墙组合在一起，两端或做硬山或做卷棚、歇山，形象与曲直的对比打破造型的单调。

潮汕建筑则以硬山封檐为主，常常在入口披檐、屋脊端部和翼角起翘上做较多装饰，将墙头做成直、曲、折多种样式，并有金、木、水、火、土之分。黑瓦白墙相衬托，呈现出一种朴素之美。

嵌瓷是潮汕地区独特的民居建筑装饰工艺，它是以灰塑为基础，用绚丽的釉彩瓷片嵌贴。常在垂带、厝头、屋脊上塑置各种花卉、神仙瑞兽和戏曲人物（图 2-4-5）。闽南屋脊一般为灰塑嵌花式，两地部分民居屋脊也都有砌筑雕孔花砖做法，既减少了风的阻力，也减轻屋顶重量。两地的屋顶效果并不相同。

五、客家建筑的影响

客家建筑的典型代表是客家民居。客家民居是我国五大民居之一，主要包括围楼、五凤楼、围龙屋、厅堂屋等类型，最常见的是客家围屋和客家排屋，其坐向继承了坐北向南的传统。

1. 村落布局

客家和潮汕的大型民居非常强调祠堂的中心性和主导地位，村落也因此有了强烈的中心性。这些中心以房为单元的扩展而形成密集式大型民居，采用“堂横式”布局，即祠堂位于中央，而两侧建筑（潮汕称“从厝”，客家称“横屋”）垂直于祠堂方向呈围合状护卫的模式。这种模式的民居称“堂横屋”[①]。在这种堂横式布局中，等级比较明显呈现出“中轴对称”和“以中为尊”的基本观念。

广府村落中心性不强，在相对均质的基础上，自然衍化出“并列式”的梳式布局。广府村落不存在绝对意义上的中轴，每个祠堂引领自己的一个房支，每列房支之间较为平均，祠堂并未居绝对主导地位。广府村落是平行式布局，以堂横式布局大型民居为特征的潮汕与客家村落布局则是向心式的。

2. 建筑平面

建筑布局方面，潮汕古建筑与客家古建筑均中轴对称。因为平面从厝与祠堂的方向垂直，建筑的立面自然表现出“山面—檐面—山面”的基本组合形式。客家的檐面开间一般较多，以五开间为主甚至更多，而潮汕往往是三开间或五开间。

围龙屋的主体是堂屋，它是二堂二横、三堂二横的扩展。堂屋的后面是半月形围屋，与两边横屋的顶端相接，将正屋围在中间，有两堂二横一围龙、三堂二横一围龙、四横一围龙与双围龙、六横三围龙，有的多至五围龙。围龙屋多依山而建，整座屋宇沿山势跨在山坡与平地之间，形成前低后高、两边低中间高的双拱曲线。屋宇层层叠叠，从屋后最高处向前看，是一片开阔的前景。从高处向下看，前面是半月形池塘，后面是围龙屋，两个半圆相合，包围了正屋，形成一个圆形整体（图 2-4-6）。客家民居的结构形式主要有砖瓦结构；土砖墙、小青瓦结构；毛石、卵石墙结构；泥砖、石、灰、四合土结构。主要胶结材料是石灰。屋面用小青瓦阴阳盖，在檐口处和外厝头、中脊用石灰砂浆和瓦做固定，其他瓦面都不使用砂浆，而是可以活动的瓦面，在中脊处摆一行竖放的小青瓦，以便后期维修检瓦时可以添补。随着房屋居住年限的延长，中脊上竖放的瓦逐渐变为斜放。

潮汕建筑的“四点金”格局类似于客家围龙屋的二进厅堂，四厅相对，上厅为上堂，门楼为下堂，花厅与客家二进厅堂相似，“双佩剑”类似于客家围龙屋的二进二横。建筑格局有相似之处。

3. 立面处理

潮汕民居建筑正立面窗户是否设置是根据建筑具体情况而定，即使设置，也是位置距地面较高、窗口较小，以起到防御作用。

客家民居封火墙与潮汕地区有着较大的差异，岭南客家民居封火墙类型很多，如规模较大的围屋、防御性能较好的角楼等。

4. 屋面

潮汕建筑的屋面是以本地黏土瓦盖双层（或三层）为瓦面，以黏土垌瓦包灰裹垄为瓦垄，以“金、木、

① 徐粤．广东潮汕及客家风土聚落的同构性研究 [J]. 建筑遗产，2019（1）：43-49.

图 2-4-6　客家围龙屋一斗堂（陈坚涛　摄）

水、火、土”五行山墙为厝头，以多层瓦草筋灰砌筑坎线和仿龙头收口为垂脊的屋面。客家建筑的屋面是小青瓦阴阳盖，不使用灰浆，除檐口、厝头以及中脊固定，其余均为活动的瓦屋面。

潮汕和客家聚落同样以堂横屋为中心，因此两者的立面表现出较强的相似性。客家的建筑屋顶大量出现悬山的形式，而潮汕使用石材、青砖等防雨建筑材料，以硬山屋顶为主。

5. 建筑装饰

潮汕和客家堂横屋的区别主要表现在装饰和构架上：潮汕装饰较华丽，凹门斗内做石柱彩画，正脊灰塑嵌瓷，内部梁架华丽，多采用抬梁与穿斗混合的构架模式，并呈现出较强穿斗的特征，石雕木雕丰富，颜色华丽金碧辉煌；而客家祠堂部分一般都为一开间，为简单的墙承檩形式，只有部分中厅采用简单的梁架，颜色朴素，装饰较少。

潮汕宗祠、豪宅的屋架为抬梁式与穿斗式相结合的三载五木瓜，配弯板、凤冠、楚尾等花块及花条、花楣、鳌鱼、狮象等雕花构件拉结装饰。客家建筑的殿堂式建筑和围龙屋的厅堂屋架也为抬梁式和穿斗式屋架相结合，但比潮汕三载五木瓜简单。

墙体、屋面的建筑装饰风格上各有特色。潮汕建筑的墙体是贝灰砂或贝灰土夯土墙，墙面抹贝灰砂浆和涂贝灰浆装饰；客家建筑墙体大部分是土砖墙，抹石灰砂浆面装饰。

潮汕宗祠屋面大多数采用嵌瓷或泥塑、彩绘装饰，而客家建筑没有嵌瓷工艺，泥塑、彩绘也极少。潮汕传统建筑对木结构的油漆、彩绘是比较讲究的，屋架、屋面楹条、桷片均做油漆，屋架、中楹均做彩绘、贴金。客家建筑在彩绘方面，不如潮汕建筑讲究。

潮汕古建筑营造

第三章　潮汕古建筑的特征

安民

潮汕古建筑的类型

第一节

潮汕乡村聚落民居建筑，继承了我国中原汉式合院式建筑传统，结合了潮汕当地气候与环境的实际情况，建筑平面布局多采用南北朝向，通常由长方形院落式（也称天井式）建筑构成。整个建筑由两部分组成，前半部分为"外埕"，也称"前埕"，后半部分为主座建筑，也称"后厝"；先入前埕，经过后厝的入口大门进入后厝，形成"前埕后厝"的总体布局。

"前埕"俗称外埕，在潮汕有一定规模条件允许的建筑都有设置。它通常取主座建筑的宽度为长度，深度较浅，埕面一般用贝灰砂土打夯而成，也有用石材铺砌而成。前埕一般设有三面围墙，主座建筑大门对面围墙一般加高作为"照壁"；左右设有两座门楼，俗称"龙虎门"，主座之左称为"龙门"，主座之右称为"虎门"，也有在正面设一座门楼的，这便围合成一个"前埕"；有的前埕没有设围墙，单独做成一个阳埕，这样形成建筑的前奏部分。

"后厝"也就是主座建筑，在前埕之后，一般与前埕长度同宽，由中轴线的主座建筑与左右对称的从厝或其他配套建筑组成。这种建筑布局在潮汕乡村聚落随处可见，规模大型的如澄海隆都前美"永宁寨"上北村七落、樟林"南盛里"、普宁洪阳"德安里"、潮安凤塘"淇园新乡"等；规模较小的单体建筑，如潮安沙溪"大夫第"，潮安彩塘"仰德里""佑杰公祠"，澄海莲下程洋岗"蔡氏宗祠"，莲下潜溪"思成大厝"等建筑多采用这种建筑布局。

由于家庭、家族的本质是以家内、族内的独立与完整为最高原则，所以家庭、家族聚居是潮汕人的理想。它反映在具体的建筑空间上，有两个方面的特点：第一，建筑空间的内向性、封闭性。它以天井为中心，建筑四周围合，外封闭、内开放，希望不受外界干扰，也希望不去干扰他人。所以，不论其家庭、家族规模大小、建筑是何种形式，均有一院墙围合，独立门户形成独特的院落式民居建筑形态。潮汕人这些以院落为主的民居，院落不但齐整，而且铺砌整齐，其四周的建筑均面向此空间，并且敞开着。这些民居建筑宽度通常为三间，也有五间，通常不会超过五间。如果家族较大时，房间需要量大，则宁愿建造第二院落，以保持空间的向心性和封闭性。不但如此，建筑大多进深为一间，以便使所有空间均可与院落相连接。第二，建筑空间的秩序性。在过去，潮汕人特别重视礼教、伦理观念，具体反映就是秩序性。伦理的秩序是什么？是尊卑长幼之序。反映在建筑上讲究主从分明，正偏分明，内外分明，向背分明；主体建筑、主要厅堂位于中轴、中央，特别高大或富丽；次要的建筑分别列于两旁和前后，人们一般能从居住的厅房，推断家庭、家族各成员应该居住的位置，也能从建筑与位置的关系看出各成员在家庭、家族中的地位。从这些我们可知道儒家的伦理观念始终是潮汕人居住环境秩序的最高原则（图 3-1-1）。

图 3-1-1　潮汕民居建筑（王裕生　摄）

第二节 潮汕古建筑的主要构成特点

1. 装饰丰富

潮汕民居封火墙在造型设计过程中，主要受到潮汕商帮的影响。随着潮汕商帮带动当地经济发展，潮汕民居在修建过程中，体现出了潮汕商帮较为强大的经济实力。同时，潮汕商帮走南闯北，结合了中原、江南建筑的文化优势，在封火墙修建过程中，实现了地域文化的有机结合。潮汕民居封火墙造型设计，对中原建筑文化汲取程度较深，很多民居封火墙具有浓郁的北方民居建筑特点，具体表现为色泽的凝重鲜艳。潮汕民居的封火墙建筑不仅体现了南方民居的清秀俊逸，北方的凝重鲜艳，也融合了传统的金漆木雕特点，将潮汕地区特有的嵌瓷工艺、书法绘画等内容融合进封火墙建筑当中，使封火墙造型更具艺术气息。

2. 与五行学说关联

潮汕民居封火墙的造型设计，深受五行说的影响，注重山墙形状设计，按照“金、木、水、火、土”五行特点，进行山墙的修建。其中，应用于民居山墙的形式多为“金式”“木式”“水式”“土式”，火形山墙多用于宗庙。五行山墙的应用，在潮汕民居中具有较为鲜明的特色，与岭南其他地区有着较大的差异性。同时，潮汕民居山墙的修建又具有较强的封建迷信色彩，会根据户主的生辰八字，进行五行形状选择。例如，户主八字缺水，则修建“水式”山墙，缺火则修建“火式”山墙（图 3-2-1）。

在广府和潮汕传统建筑的屋脊装饰中，陶瓷装饰都是具代表性的种类，在广府地区以陶塑为典型，而潮汕则多以嵌瓷形式出现。

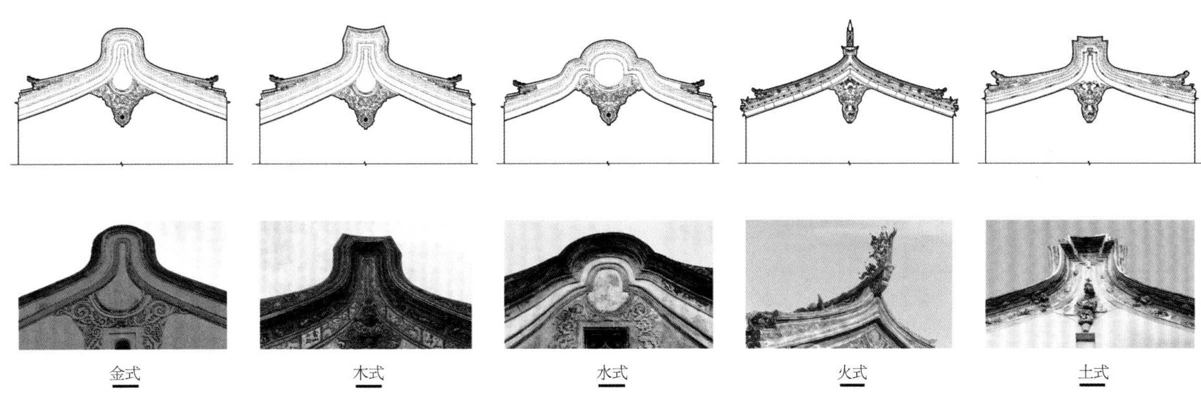

图 3-2-1　山墙（许剑英　制图）

典型案例

第三节

一、宗祠建筑

1. 承文化　延福荫：官埭纪氏大宗祠

建筑基本信息：
坐落地点：汕头市龙湖区官埭乡洋边村北门街
始建时间：1736 年（清乾隆元年）
重建时间：1997 年
占地面积：540m^2
资源类型：2014 年被列为汕头市文物保护单位

祭祖活动自明代以来持续至今，是潮汕最具特色的民俗文化活动之一。后代祭祖活动，不仅是传统民俗文化的传承，更是潮汕人知感恩敬长辈的高尚品德的传承。作为具象载体，宗祠肩负了重要的角色，“纪氏大宗祠”至今仍是官埭纪氏宗亲祭祖的重要场所。每年农历十一月十六日，包含官埭纪氏在内的粤东四市纪氏族群都会在官埭纪氏大宗祠举行一年一度的祭祖活动。

（1）官埭之创乡

祠堂，不仅维系海外宗亲与本土血缘关系，还是乡亲及其子孙了解宗族文化和家族发展史的一个重要载体。

官埭纪氏大宗祠，位于汕头市龙湖区官埭乡洋边村北门街（图 3-3-1）。作为地名，官埭始于南宋。据《纪氏机学祖族谱》记载，清康熙初年，官埭人口已达到一定规模。因官埭是纪姓人聚居之地，故有“官埭纪”之称。

（2）祠堂格局有讲究

由于祠堂修建有等级限制，一般民间不得建造。宋元时期，潮汕地区祠堂大多为有一定官衔品位的贵族、官员所修建。受封建礼制的约束影响，祠堂格局不能随意设置，如开三山门和门前设置石鼓和门簪（即“门当”“户对”）、旗杆墩，族内必须有科班出身而入仕的子孙。祠堂可分大宗祠、家庙、宗祠和私祠、书斋祠。大宗祠指本姓氏入潮开基祖所建宗祠。

受此影响，建于清乾隆元年（1736 年）的官埭纪氏大宗祠，供奉的是闽粤两省纪氏始祖纪恩，字元庞，号归隐，原籍南直隶淮安府淮庆县泽锦都西平桥平和庄（今江苏省淮安市淮安区平和村），生于南宋理宗淳祐六年（1246 年），宋度宗咸淳四年（1268 年）中进士，出任浙江绍兴山阴县知县，三年后升任广东潮州通判，二年后诰封中宪大夫。

官埭纪氏大宗祠，是粤东四市纪氏大宗祠，于 1985 年归还当地纪氏后裔，1997 年重修。该祠占地面积 540m^2，坐南朝北，面宽 18.5m，进深 36m。为三进两天井两火巷的潮式祠宇建筑格局，内为石木柱梁结构。门外置两石鼓，大门两侧墙上有“銮英教子”“纪信扶汉”“晓岚辅清”“元宠入潮”4 幅纪氏 4 个历史故事的嵌瓷浮雕；二进为拜亭，三进为主祠“报本堂”。祠前有约 800m^2 大埕，置两旗墩，两侧有 4 棵榕树，其中 2 棵为 300 多年树龄的古榕，祠前左火巷口有一口古水井（图 3-3-2 ~ 图 3-3-6）。

在潮汕，祠堂多为一个村寨的中心，祠堂先建，再围绕祠堂建设其他民居。这也是聚落建筑以姓氏宗祠为中心的围寨格局的原因之一。据光绪《潮州志》记载：潮汕人“营宫室，必先祠堂，明宗法，继绝嗣，重祀田”。清代张海珊《聚民论》中写道，“闽广之间，其俗尤重聚居，多或万余家，少亦数百家”，他们“皆聚族而居，族皆有祠，此古风也”。

图 3-3-1　纪氏大宗祠门面（翁志雄　摄）

左昭
俎豆千秋盛
汕头市文物保护单位
官埭纪氏大宗祠
汕头市人民政府
2014年11月12日 公布
2015年10月9日 立
官埭纪氏大宗祠

图 3-3-2　纪氏大宗祠门楼（翁志雄　摄）

图 3-3-3　纪氏大宗祠中厅（翁志雄　摄）

图 3-3-4　纪氏大宗祠木雕梁架（翁志雄　摄）

图 3-3-5 纪氏大宗祠中厅木雕梁架（翁志雄 摄）

图 3-3-6　纪氏大宗祠中庭一隅（翁志雄　摄）

2. 润泽书香　教化人心：外砂蓬沙书院

建筑基本信息：
坐落地点：龙湖区外砂镇林厝村文祠路
始建时间：1869 年（清同治八年）
落成时间：1887 年（清光绪十三年）
修缮时间：2017 年 12 月、2022 年 11 月 26 日
占地面积：2046m^2
建筑面积：2706m^2
建筑形式：三进祠堂式建筑
资源类型：2012 年被列为广东省文物保护单位

历史上，潮汕地区书院众多，人文底蕴深厚。在龙湖区外砂镇林厝村和蓬中村交界处的文祠路头，有一座古朴雅致的潮汕传统建筑——蓬沙书院，它是潮汕地区目前保存最完整、面积最大的书院，因供奉文昌帝君，俗称“文祠”。

蓬沙书院是清代潮州总兵方耀到外砂“办清乡”时所建。方耀在潮汕地区一共倡建或者认捐了 7 所书院，由于各种原因，这些书院大部分已无存。蓬沙书院虽经历了使用功能的变更，但幸运地完整保存了下来，成为历史的见证，对于研究清末“清乡”历史、潮汕书院史和建筑艺术，都极具历史价值。

澄海明清书院之最

蓬沙书院始建于清同治八年（1869 年），历时 18 年完工，是当时兴学育民和教化养民的场所。工程由方耀委派下埠乡秀才陈大义（下埠戏班主陈杰正长子）任筹建董事长，工程董理人员均由外砂八乡派员组成。无论是规划设计，还是灰工、木工、雕琢、彩绘等慢工细活，都由外砂能工巧匠完成。

蓬沙书院坐东南向西北，为三进硬山顶祠堂式建筑，潮汕传统民居的四进“双佩剑”布局，面宽 33m、进深 62m，占地面积 2046m^2（图 3-3-7）。建设规模为澄海明清七书院（即冠山、景韩、尊育、敦化、凤山、绿波、蓬沙）之最。

蓬沙书院为砖石及贝灰夯土墙体、石木柱梁结构，整体为潮汕传统民居的四进“双佩剑”格局，即“主座 + 两侧火巷从屋 + 后包”。前三进为门厅、中厅、上厅，连同两侧从厝（火巷、排屋）为蓬沙书院（图 3-3-8 ~ 图 3-3-14）。门楼为三山门二叠（重檐）歇山顶建筑。大门“蓬沙书院”连同左右山门“同德祠”、偏门“方公讲院”等榜书，均出自清光绪三年（1877 年）丁丑科探花、晚清书坛名家钟德祥笔迹。大门宽达建筑物宽度的一半，比例极为张扬，俗称“阔嘴门楼”。石门楼为整体浮雕石刻，内容为功名才子寿和仁义礼智信的典故（图 3-3-20）。后厅为三开间格局，为方公讲院。“蓬沙书院”是由“书院”和“方公讲院”组成，两侧均开八角形门相通。

蓬沙书院所在地的外砂镇各村落，大多创置于明初（具体年份不详），是 14 世纪中后期。而兴建蓬沙书院是清代末期，已进入 19 世纪中后叶，中间相差了 5 个世纪。从门簪“联登科甲”“五子登科”“三元及第”的九叠篆文中，可以看出当地百姓对教育的愿景和追求。

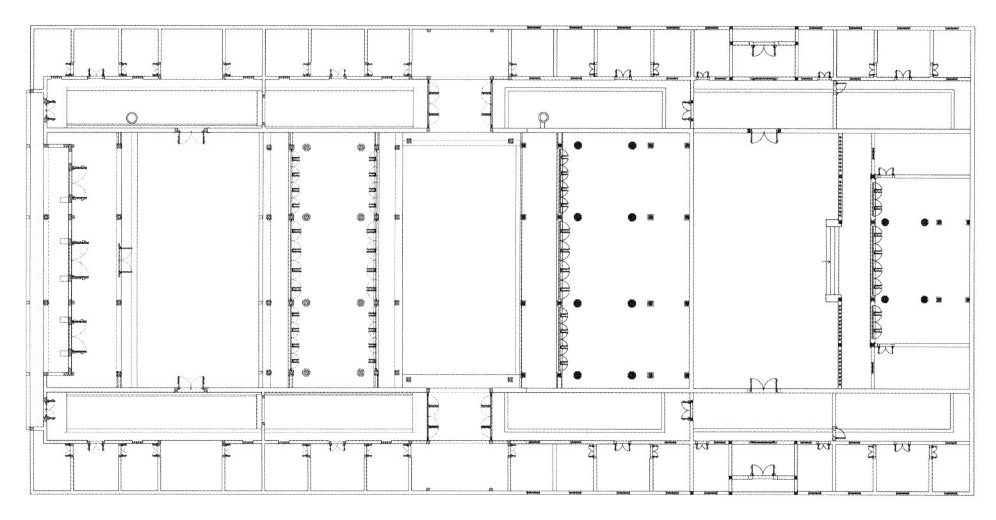

图 3-3-7　总平面图（许剑英　制图）

图 3-3-8　蓬沙书院方公讲院大厅正面（陈钊全　摄）

图 3-3-9　蓬沙书院大厅屋檐（陈钊全　摄）

图 3-3-10　蓬沙书院门楼（陈钊全　摄）

图 3-3-11　蓬沙书院门楼石雕梁架（陈钊全　摄）

图 3-3-12　蓬沙书院方公讲院门楼（陈钊全　摄）

图 3-3-13　蓬沙书院从厝天井（陈钊全　摄）

图 3-3-14 蓬沙书院从厝天井——山墙（陈钊全 摄）

3. 报本孝思：普宁礼誉公祠

建筑基本信息：
坐落地点：揭阳市普宁市流沙镇北山村
始建时间：1925 年
重建时间：2014—2015 年
占地面积：426m^2
建筑形式：两进式祠堂建筑

潮汕人历来重视修建祠堂且建祠历史悠久。无论在城镇还是农村，也不论民居建筑群规模大小，均有祖祠、家庙。这是一种“怀抱祖德”“慎终追远”，也是后人“饮水思源”“报本返始”的一种孝思表现。地处普宁市流沙镇北山村的礼誉公祠，于 2014 年原址按原制式重建，作为当地宗族的精神家园，蕴藏着一种质朴的精神动力，将延续其独特的地域文化（图 3-3-15～图 3-3-21）。

公祠是指我国古代由社会公众或某个阶层为共同祭祀而修建的房屋。我国现有的公祠很多，如苏公祠、张公祠、韩公祠、曹公祠等，都是为祭祀某个名人而修建的。

潮人建祠，必极工巧。《永乐大典 · 卷五千三百四十三 · 祠庙》云：“州（潮州）之有祠堂，自昌黎韩公始也。公刺潮凡八月，就有袁州之除，德泽在人，久而不磨，于是邦人祠之。”至清代，潮人建祠之风更盛，据清嘉庆《澄海县志》记载，曾出现了“大宗小宗，竞建祠堂，争夸壮丽，不惜资费”的情况。清后期，出现了华侨致富后回乡建祠，以“怀报祖德”。民国时期，各宗族为加强宗族团结，展示门风显赫，纷纷修建祠堂。

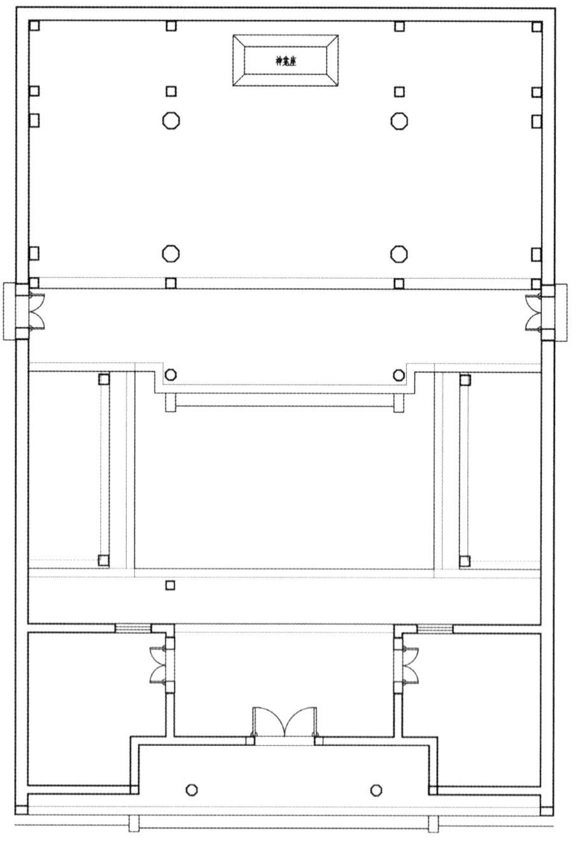

图 3-3-15　礼誉公祠平面图（许剑英　制图）

图 3-3-16 礼誉公祠正立面图（许剑英 制图）

图 3-3-17 礼誉公祠照壁（翁志雄 摄）

图 3-3-18　礼誉公祠屋檐梁架（翁志雄　摄）

图 3-3-19　礼誉公祠天井（翁志雄　摄）

图 3-3-20　礼誉公祠前厅屋顶主嵌瓷（翁志雄　摄）

图 3-3-21　礼誉公祠前厅右侧屋顶嵌瓷（翁志雄　摄）

4. 集民间工艺之精华的海岛古建筑：南澳康氏宗祠

建筑基本信息：

地理位置：汕头市南澳县深澳镇新街 107 号

始建时间：1800 年（清嘉庆五年）

修缮时间：2019 年

占地面积：1500m^2

建筑形式：“三座落”

资源类型：1981 年被列入南澳县第一批文物保护单位，2015 年被列入广东省文物保护单位，2016 年荣获“汕头市示范文化祠堂”称号

宗祠，是供奉与祭祀祖先或先贤的场所，是我国儒家传统文化的象征。一般分布于较重视儒家传统文化的地区，如福建、广东、海南、安徽、江西、浙江（以浙江南部靠近福建地区居多）、广西、湖南等南方省份。

南澳县隶属广东省汕头市，是广东省唯一的海岛县。

康氏宗祠有着丰富的历史研究价值，以及建筑艺术借鉴价值。荟萃木雕、石雕、嵌瓷、灰塑、漆画等潮汕民间工艺，格调豪放、内容丰富、华丽精美，集民间工艺之精华，有巧夺天工之奇，是一座人文历史深厚、极具建筑艺术特色的古建筑。其屋檐倒吊镂空石花篮甚有名气，是潮汕镂空石雕目前所见年代最早的实物，难得且珍贵。

（1）“南澳康百万”

潮汕氏族宗祠的营建是为了追溯保本，所以对建筑石雕装饰要求华丽，一些官宦、富商、巨贾之王族，凭借其政治地位和经济实力，不惜耗巨资营造豪华气派的氏族宗祠，以炫耀富贵，显赫于乡邻。清嘉庆五年（1800 年）有“南澳康百万”之称的南澳康氏第五代祖、当地富商康耀美与其兄康耀德所建的堂名“裕德堂”，在当地俗称康厝祠，是南澳规模最大且保存最完整的清中期祠堂建筑，现为广东省文物保护单位。其规模格局都足够有分量，是大气之作，放在当时甚至如今的南澳岛上，用“最”字形容确不为过。

据称，康耀美祖上是康熙年间前往南澳岛谋生的福建龙溪人。由于日子艰难，父亲康士元在生了老大康耀德和老二康耀美后，只身前往台湾谋生。成年后，康氏两兄弟以割草卖扫帚为生。由于近海边，晚上常常到海滩摸螺捉蟹。偶然在荒井掘得金砖而开办酒厂获得“第一桶金”，后前往揭阳经营糖业。发迹后，康耀美踌躇满志踏上归乡之途。为使庞大家产不受侵犯，康耀美上报朝廷纳贡，被授予“康百万”封号。为昭示荣耀，清嘉庆五年（1800 年），康百万在深澳镇北侧择址建了一座康氏宗祠。据康耀美第九代孙、康古老人介绍，建康厝祠的地称“蟹地”，祠内四个龙缸是“蟹眼”。有趣的是，在康厝祠内的神龛下方，总留有一堆沙子。每当涨潮，海水离祠堂还有百多米的距离时，干沙立即变湿，而当退潮时，海沙便逐渐变干，现在，这一奇妙景象仍可看到（图 3-3-22～图 3-3-28）。

（2）倒挂石雕花篮称最

在潮汕，氏族宗祠为表现族权的尊严、族人的骄傲，弘扬先祖事迹，以及历史上名人的可贵精神及杰出贡献，以其精神教育族民，为使建筑的保存时间能更长久，供广大族民瞻仰，所以选择了建筑石雕装饰。康厝祠的石雕非常有趣，其石雕均集中在前进凹肚门楼内，包括石壁、石鼓、石梁载、石花胚、石鳌鱼、石花篮等（图 3-3-29～图 3-3-33）。

康氏宗祠是在清嘉庆特定历史条件下兴建起来的。整体建筑坐南朝北，为三座落格局，占地面积 1500m^2，有 52 间房，规模颇大。采用了硬山式屋顶，系土木石瓦结构。前进凹肚门楼为全石构，设有号称“名盖九县”的石鼓一对，是清朝中叶的石雕精品，由此可想象到当时“康百万”的意气风发。两侧梁架及壁肚各有镂空石雕。浮雕石刻图画多幅，檐梁石雕，梁载漆

画华美。祠额刻康氏宗祠，回照和气致祥。前进厅屋架为穿斗式并配套有各种木雕花胚，两侧有库房，厅后是天井东西两檐廊墙上各有八副家训碑刻，分别题刻“忠发”“孝发”“弟发”“敬发”“礼发”“义发”“廉发”“节发”，每幅碑文镌刻有“辛酉进士”和“康以铭印”两枚印记。梁栽上满是石雕花胚，所饰皆为传统题材。栽下有鳌鱼、衔书飞凤构架。整个石雕组合中，以屋檐下的一对倒挂石雕花篮称最，颇有名气，尽管水平不及后来清末民国初的潮州石雕，但此处潮州石雕的镂空雕是目前所见年代最早之实物，难得且珍贵。天井后的拜亭为连廊式，其梁架木雕精美，如两只狮座和诸多栽下雀替。按资料介绍，这些皆为清嘉庆十八年（1813 年）始建时候之原物，而此可为潮州木雕提供一个确切始建节点，十分难得。拜亭后入大厅处设有八扇屏门，门上做雕塑彩绘。屏门后大厅上悬“裕德堂”金漆大匾，厅中设案几神龛，龛内奉康氏始祖及下二至五世祖神位。神龛两旁，另立有四世祖之寿屏。大厅梁架为抬梁兼穿斗式，楹栽间花胚均为清代原物，细致精美。拜亭两侧不留天井，而地面和屋面直接向左右横跨接过两旁庑廊，此做法可为祠堂内增加更多室内活动空间。

（3）匾额有故事

康氏宗祠里石雕“倒吊花篮”工艺独特，铭文石刻手书苍劲。令人诧异的是，在主座门顶上方的四个鎏金大字“康氏宗祠”中，前两个字色泽鲜亮，庄严气派，成色稳定，后两字却漆底剥落、飘零、残破，在一排字中显得极不协调。据在潮州出生的康氏后人介绍，1986 年南澳县有关部门把康氏宗祠重新交由康氏族人管理。由于历经岁月和风雨的侵袭，建筑显得十分破旧。为保持原貌，海内外的康氏族人便筹资对其进行修葺。其中，主门顶上的“康氏宗祠”四个大字成了修葺的重点对象。当时装饰四个大字的一种重要材料——金箔（俗称古板金）数量不足，便决定先装饰前两个字，承接该工程的福建诏安师傅水平高超，装修后的“康氏”两字显得金碧辉煌，颇具大户人家气派，但由于后两个字的金箔在国内一时无法寻获，只得差人从泰国买后寄回，装饰便分两次进行。不知是异地金箔的质量问题还是从事装修的另一班福建师傅的技术工艺问题，两个鎏金字贴上去不久便出现起皱、剥落迹象，与装饰的愿望大相径庭，而先前装饰的“康氏”两字历经二十余年依然庄严气派，完好无损，对比鲜明（图 3-3-34 ~ 图 3-3-38）。

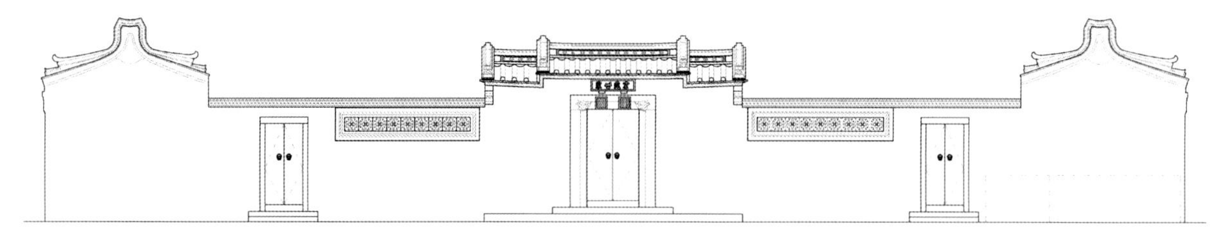

图 3-3-22　康氏宗祠门楼仔、东西从厝康氏宗祠立面图（许剑英　制图）

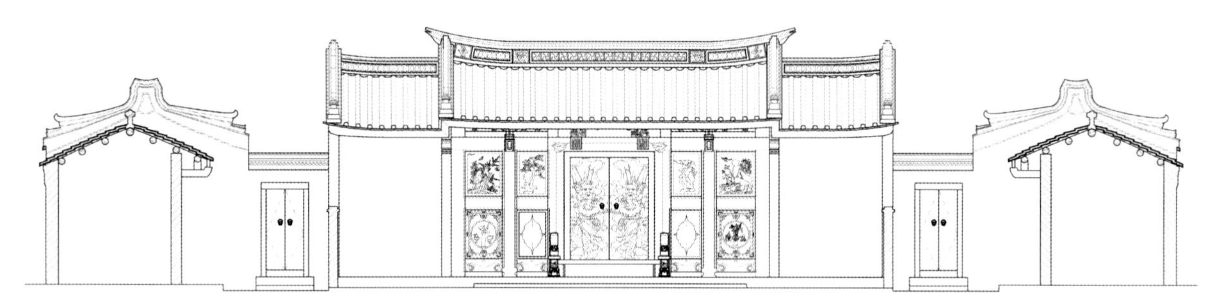

图 3-3-23　康氏宗祠门楼、东西从厝背立面图

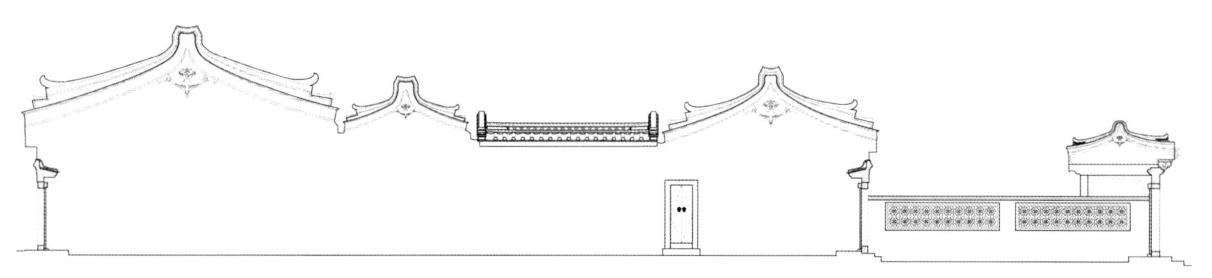

图 3-3-24　康氏宗祠中厅—门楼—门楼仔立面图（许剑英　制图）

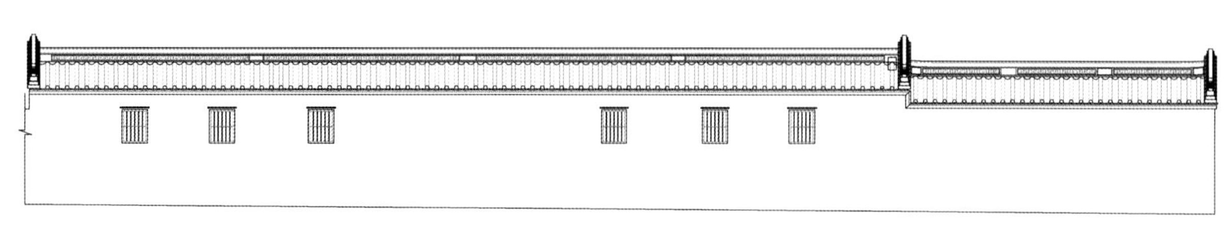

图 3-3-25　康氏宗祠东火巷外立面图（许剑英　制图）

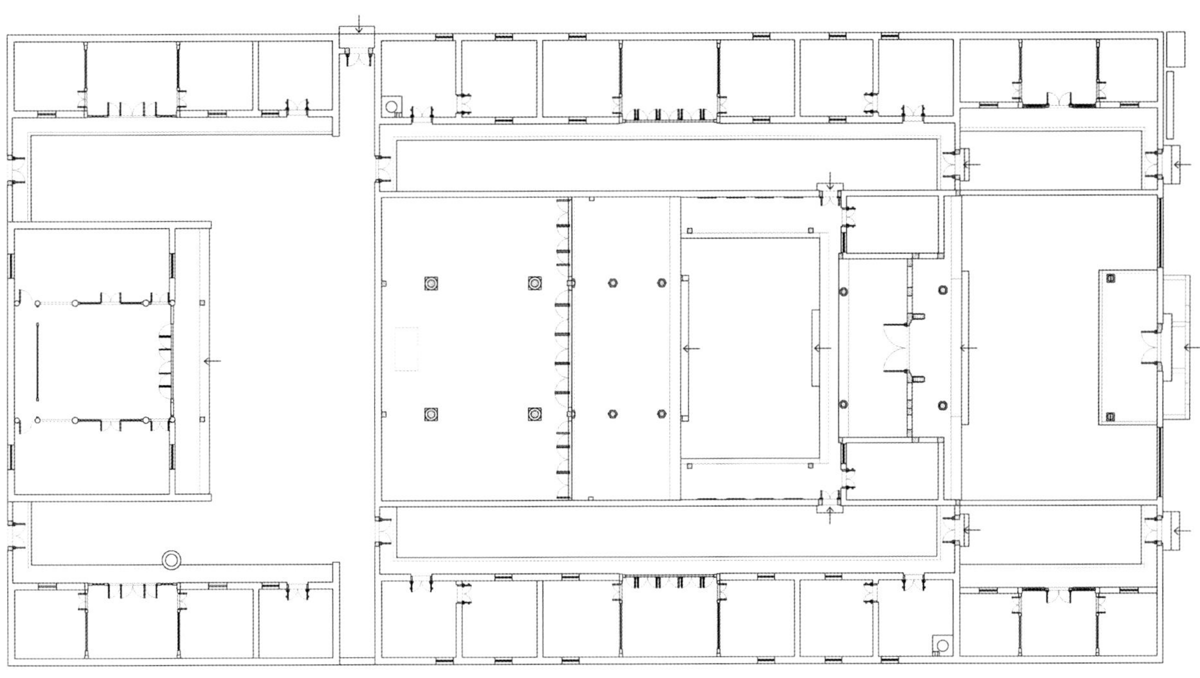

图 3-3-26　康氏宗祠总平面图（许剑英　制图）

图 3-3-27　康氏宗祠正面俯视（翁志雄　摄）

图 3-3-28　康氏宗祠门面（翁志雄　摄）

图 3-3-29　康氏宗祠门楼肚石浮雕石刻（翁志雄　摄）

图 3-3-30　康氏宗祠门楼装饰（翁志雄　摄）

图 3-3-31　康氏宗祠门楼石雕梁架（翁志雄　摄）

图 3-3-32　康氏宗祠门楼柱饰（翁志雄　摄）

图 3-3-33　康氏宗祠前厅大门结构

图 3-3-34　康氏宗祠后厅木雕漆画梁架（翁志雄　摄）

图 3-3-35　康氏宗祠中厅狮雕梁架（翁志雄　摄）

图 3-3-36 康氏宗祠后厅梁架鳌鱼木雕（翁志雄 摄）

图 3-3-37　康氏宗祠内天井（翁志雄　摄）

图 3-3-38　康氏宗祠中厅拜亭（翁志雄　摄）

二、民居建筑

1. 寨堡式古寨的城墙与“趴狮”民居：潮南东里寨

建筑基本信息：
坐落地点：汕头市潮阳区陇田镇东仙村
始建时间：1736 年（清乾隆元年）
修缮时间：2020 年
占地面积：14384m^2
建筑形式：“趴狮”
资源类型：2001 年被列为潮阳市[①]文物保护单位，2015 年被列为广东省文物保护单位

在古代，潮汕地区因地处省尾又历遭兵灾之劫，潮汕人聚寨而居，有“十乡九寨”之说。位于汕头市潮南区陇田镇东仙社区的东里寨，是潮南区现存规模较大的城隍式防御性混合民居建筑，也是一处规模宏大的寨堡式建筑群。

古寨三面环水并有护寨壕沟，正门上有寨楼，寨墙四角设置更楼，作报时辰和治安防范之用。其内部格局整齐划一、方形古寨中规中矩；环寨墙四周又建有护寨的平房，从高空俯瞰，整座古寨呈“国”字形布局，庭院栉比，规整有序。在潮汕古寨中，东里寨可谓一座人文深厚、建筑布局独特之古寨。

（1）“趴狮”

“趴”的潮汕音是“bā”，与“扒”音近，意义相通。自明朝末年，潮汕地区将对称布置的院落称为“趴狮”（又写作“爬狮”），即二主房二厢房一厅一天井，为潮汕民居格局之一。

“趴狮”亦称作“下山虎”，其建筑特点形如下山的老虎而得名。此格局以大门为嘴，两个前房为两只前爪，称“伸手房”，以后厅为肚，厅两旁的两间大房为后爪。总体犹如一只趴在地上、张开大口、聚精纳气、蓄势待发的狮虎。意图是使整个建筑形成一个葫芦般的嘴阔、径窄（内门框）、肚大的富于变化的空间，以达到藏风聚气的目的。

（2）典型潮汕方寨

东里寨是潮汕目前最著名、规模最大的方寨，是潮南区现存规模较大的民居建筑群。始建于清乾隆元年（1736 年），由殷商郑象德（字毓宗）始建，其子和裔孙续建，至今有 300 多年。

东里寨占地面积 14384m^2，建筑面积 12768m^2。该寨三面环水，还有护寨壕沟。环寨一周筑有防御寨墙，四周筑围墙屋 108 单间，共 36 套二房一厅居室。寨墙长 112m、宽 114m、高 5m，垣厚 0.5m。其对称、方正、威严的寨形，寨内排列整齐、鳞次栉比的府第式民居，显示出列兵式气势，是一个典型的潮汕方寨。四周筑起的寨墙近似于正方形，长宽平均值约为 112m。寨内分布着 12 座三进三落大厝和 9 座“下山虎”民居；环寨墙四周又建有护寨的平房，从高空俯瞰，整座古寨呈国字形布局，庭院栉比，规整有序。

东里寨自清朝中期建成以来，东仙村的郑氏宗族人丁兴旺、人才辈出，如今子孙后代已有几万人，绝大多数向外发展。东里寨是泰国潮籍侨领郑午楼的故里，也是海外潮人从事商贸活动和公益事业的重要物证，对研究历史上潮商活动具有较高价值。

寨中建筑荟萃了木雕、石雕、嵌瓷、灰塑等潮汕民间工艺，基调豪放，气势恢宏，内容丰富，精雕细刻，集民间工艺之精华，有巧夺天工之奇。在潮南区现存居民中具有典型性、独特性、代表性，对研究潮汕地区民间古建筑工艺特色有较高艺术价值。特别是寨中部分建筑主座或头门采用穿斗式和抬梁式结构，具有很高的抗震功能，其风格显示出福建与潮汕建筑有机结合的鲜明特色。整个古寨既具有明显给水、排水、防盗、防

① 2003 年改为“潮阳区”，归属广东省汕头市。

火、防震等功能，又有集防御和守护于一体的效果，为研究旧时当地的人文习俗提供了宝贵的实物资料。

（3）东里寨墙可跑马

古寨的斑驳寨墙是东里寨的一大特色，它承载着一代又一代东仙人的记忆。寨墙及屋舍采用泥土、沙灰等夯筑而成。正门上有寨楼，门区阳刻“东里腾辉”四字，是潮阳进士萧重光于清乾隆二十八年（1763 年）所书。东门匾阳刻“涵元”二字，西门匾阳刻“配极”二字。为防备海盗流寇，寨墙四角各矗立着延伸出寨墙外的楼橹一座，并有瞭望窗和枪眼，其寨垣可通四座楼橹。

因墙壁厚达 1m，潮汕民间有“东里寨墙可跑马”的俗语。事实上，东里寨墙上并不能跑马，这句俗语只是形容东里寨墙非常厚大。东仙社区居民说，周围乡里寨墙没有东里寨墙这么厚的，台风来时，东里寨有寨墙挡住没什么事。因此，乡里也有“脸皮厚过老寨墙”的俗话。

据说，当年郑氏先人在修筑围寨时，聘请了堪舆大师实地考察。他认为，这是块“虎地”，依据大南山的来龙去脉，面向峡山祥符塔；由此，祥符塔的塔影被“借”进了寨门。他还要求将“虎地”建成方形城寨以配“虎威”。为此，先民在寨的东西两侧各打了一口井，美其名曰“虎耳”。

（4）古寨建筑渗透易理

从古寨的正门走出来，两畔有护城水濠绕寨，只见一泓碧流汩汩而过，从北折东注入练江水系。站在东里古寨门外向远方眺望，视野十分开阔，前面平畴千顷，溪港纵横，祥符塔影倒映，北山峰峦，依稀隐现，远山近水，风景迷人，令人观之心旷神怡。“东里远眺”是原沙陇八景之一。

东里寨内的建筑物也渗透着寓意。古寨的西南角就有一块呈“一”字形横卧的大石，含义是挡住“财库”，不让钱财外流。自清朝中后期至民国年间，不少东仙的郑氏先辈，为寻求新出路，和众多乡亲一起漂洋过海去谋生。到民国初年，一部分人在上海奋斗成功，成为在上海商贸界、金融界有一席地位的潮帮商人。而另一部分人则在南洋闯出了一片天地，他们都积极反哺家乡。因此，潮汕流传着一句顺口溜：“日出沙陇郑，日落钱坑寨”。因为沙陇、钱坑都是当时富甲一方、宗族势力如日中天的大村落。而东里寨郑氏，又是“沙陇郑”中比较有代表性的一支，他们先辈的创业传奇也是潮商奋发图强、勇于开拓的一个缩影。

在古寨的西北角，有一座牌坊式建筑，俗称“太平门”，据说是防火镇宅之用。古寨还设门 3 个，北边正门为乾门，西门为坤门，东门为艮门。当地人相信，只要把寨门全部关上，里面便自成天地，外面的兵匪就攻不进来。考虑到防御兵匪需求，古寨的 4 个角落设有 4 个更楼，并在寨墙顶端修有跑道，可以使 4 座更楼互通。据说，当年日军侵略潮汕，和当地伪军从草坡上走到这里，看到东里寨寨门封锁，寨墙厚实，未能侵入。

古寨四周城墙环抱，环墙护寨民居共 36 套，均为二房一厅相同格局，房间总共 72 间，厅堂总共 36 个，符合周易八卦的特定数字。据介绍，这是按照 36 天罡、72 地煞布置的，里面合计 108 间，以水浒 108 好汉名字来命名（图 3-3-39～图 3-3-45）。

图 3-3-39　东里寨俯视图（翁志雄　摄）

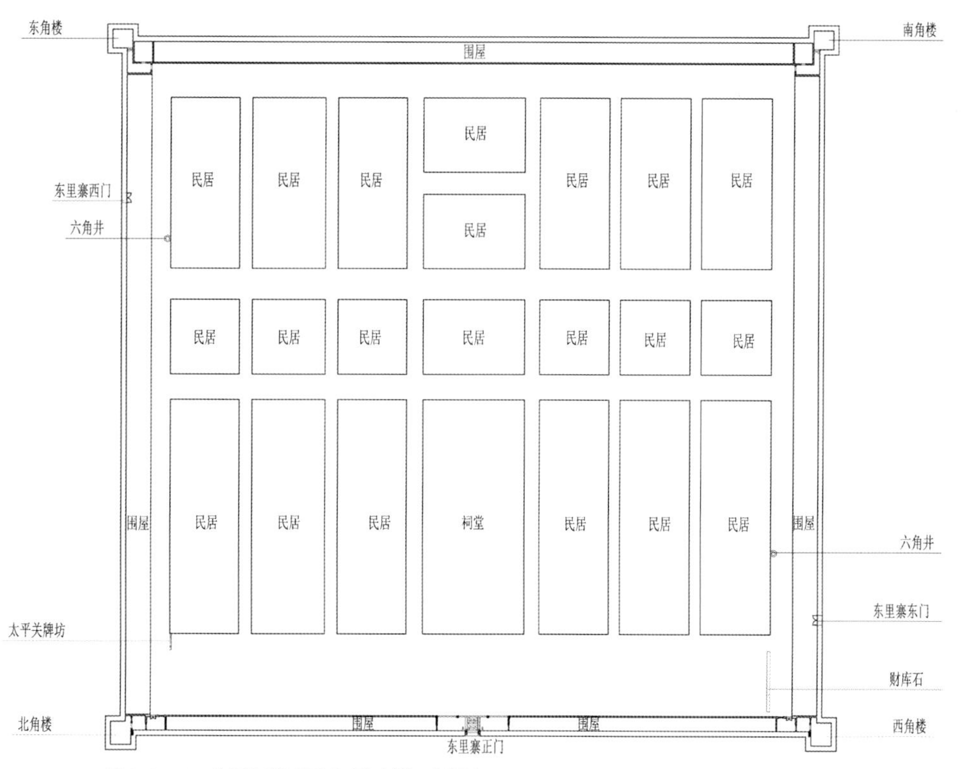

图 3-3-40　东里寨总平面图（许剑英　制图）

图 3-3-41　东里寨正大门（翁志雄　摄）

東里
如意花千樹

图 3-3-42　东里寨中轴建筑（翁志雄　摄）

图 3-3-43　东里寨中轴民居（翁志雄　摄）

图 3-3-44　东里寨前围屋内立面图（许剑英　制图）

图 3-3-45　东里寨西南角楼（翁志雄　摄）

2. 岭南第一侨宅：陈慈黉故居

建筑基本信息：
坐落地点：汕头市澄海区隆都镇前美村
始建时间：1910 年（清宣统二年）
修缮时间：2019 年
结构类型：钢筋混凝土加石木混合结构
占地面积：25400m^2
建筑层数：2 层
建筑形式："驷马拖车"
资源类型：2002 年被列为广东省文物保护单位

陈慈黉故居位广东省汕头市澄海区隆都镇前美村，是由旅外侨胞陈慈黉家族兴建而成。

建筑风格中西合璧，以传统的"驷马拖车"糅合西式洋楼，点缀亭台楼阁，通廊天桥，萦回曲折，被誉为"岭南第一侨宅"，是广东省省级重点文物保护单位。

陈慈黉故居包括了郎中第、寿康里、善居室和三庐书斋，始建于清宣统二年（1910 年），故居占地 2.54 万 m^2，共有厅房 506 间。其中最具代表性的"善居室"始建于 1922 年，至 1939 年日本攻陷汕头时尚未完工，占地 6861m^2，计有大小厅房 202 间，是所有宅第中规模最大、设计最精、保存最完整的一座。

"善居室"以潮汕典型的"驷马拖车"民居格局为主体，厢房仿北京东西宫建筑，其建筑风格独特，糅合中国与西方的建筑特色。它的基本结构、屋内的木雕及石雕均以传统中国形式为主，而阳台、第二层的通廊天桥均以大理石为建材。欧洲进口的彩瓷砖地板和装饰及较大的窗户等则有西方的建筑特色。宅内四周配以双层的楼房，每座院落内部大院套小院，大居配小屋，既点缀亭台楼阁、西式阳台，又设有更楼、哨台和通廊、天桥，已融入不少非传统岭南建筑的元素。而且故居内除了雕梁画栋外，更贴着绘有东南亚各国风情图案花纹的墙砖和地板砖。整个建筑物既古朴典雅，又富丽堂皇。进之如入迷宫，乐而忘返。据说以前陈家有个专司开关窗门的佣人，每天清晨开窗，开完所有的窗，又开始关窗，当所有的窗都关上了，天也就暗了。

陈慈黉故居的建筑材料汇集当时中外精华，其中单进口瓷砖式样就有几十种，这些瓷砖历经百年，花纹色彩依然亮丽如新；各式门窗饰以灰塑、玻璃，高雅大方，富丽堂皇；木雕石刻多以花鸟、祥禽为内容，表达吉祥、喜庆、富贵美好的愿望。此外，故居内的书法石刻皆出自当时名家之手，一字千金，是一"本"集众多书法名家手笔的"活字帖"。

宏伟壮观的建筑规模，中西合璧的建筑艺术，且风格独特，集古今中外宅居建筑精华于一体，既古朴典雅，又富丽堂皇，连片成群，是潮汕地区乃至全国罕见的民居建筑（图 3-3-46 ~ 图 3-3-50）。

图 3-3-46　陈慈黉故居全景（谢婷　摄）

图 3-3-47　陈慈黉故居善居室正面（谢婷　摄）

图 3-3-48　陈慈黉故居（郑仲标　摄）

图 3-3-49 陈慈黉故居瓷砖（谢婷 摄）

图 3-3-50 陈慈黉故居窗饰（郑仲标 摄）

3. 中国最大的八边形土楼——道韵楼

建筑基本信息：
坐落地点：潮州市饶平县三饶镇南联村
始建时间：1477 年（明成化十三年）
修缮时间：2019 年
结构类型：土木结构
占地面积：1 万 m^2
建筑层数：3 层
建筑形式：八边形围寨
资源类型：2006 年被列为全国重点文物保护单位

道韵楼，俗称大楼，位于广东省潮州市饶平县北部山区三饶镇南联村，是迄今被发现的我国最大的八边形客家土楼，有 500 多年的历史。

道韵楼始建于明成化十三年（1477 年），是客家黄氏五世祖秉礼公与秉智公兄弟二人倡修主建的。黄氏家族从四世祖姐童公开始，人丁渐多，为了保护族人生命财产，也为了团结宗族力量，而且逢饶平初始建县，朝廷诏命设守筑城。饶平县望族大户形成了建造土寨圆楼的风气，黄氏完成筑城任务外，也组织宗族力量，耗费财力、物力、人力，创建道韵楼。经历 4 代人努力，用了百余年时间，道韵楼于明万历十五年（1587 年）才全部竣工。 清顺治四年（1647 年），明朝南京礼部尚书黄锦（字俘元，饶平东界人）到访，挥毫题书“道韵楼”三字，嵌刻在楼门上。两旁对联为“道义为本根，天下无双，克念祖德；韵文光奕叶，实华并茂，贻厥孙谋”。

道韵楼的楼体为八卦宇宙图式布局：楼埕为太极，埕左右两公用水井象征“两仪”（俗称“阴阳鱼”），八面三进围屋像爻画，埕和屋内的明沟暗涵寓阴阳之合，其他结构多以“八”为倍数，如天窗 16 个、水井 32 眼、房 72 间、梯 112 架等。各户门不相对，楼的八棱角指向山缝不对山峰，阴阳沟数百年来保持通畅，久不堵塞。

礼制观念两千多年来在中国根深蒂固，道韵楼也深受这种礼制观念的影响。由于道韵楼处在潮人与山区客家人混杂的半山客地带，其建筑特点也带有二者的一些特点，比如楼间的面积大小基本一样，但主要的建筑祖堂仍处于中轴线上，地面前低后高成交椅背格局，加强了尊卑之别：一户一梯的多进形式更接近于平原里多进的府第式民居，而明显与客家的全楼共享楼梯的形式不同，它更多地强调了各家各户的私隐性和独立性。

道韵楼有着独特的建筑之美：一是有着总体庞大规整之美，二是结构对称之美，三是环围楼房、平房、天井、厅、堂的统一有序之美，四是雕梁画栋、壁书壁画、灰雕泥塑、卵石图案等装饰之美。

道韵楼除了通风、采光、排水科学合理，还具有防火、防盗、防兽害、防震、防寒等多种功能。道韵楼按八卦方位，在二层、三层楼墙内向外开铳枪口；口径外大内小，向外射角大，从外向内看，只一点小孔。所以土匪、倭寇皆难靠近。万一敌人靠近大门，铁裹门紧关，若用火烧门，门顶上铺一大水槽，可放水灭火，即燃即熄。冷兵器时代，从三层楼窗向下推石放箭，贼人无不逃遁。

2006 年 5 月 25 日，道韵楼作为明代古建筑，被国务院批准列入第六批全国重点文物保护单位（图 3-3-51 ~ 图 3-3-53）。

图 3-3-51 道韵楼全景（谢婷 摄）

图 3-3-52 道韵楼一楼（谢婷 摄）

图3-3-53 道韵楼广场（[illegible]婷 摄）

三、宗教建筑

1. 鸥汀背寨　腾辉倒影：鸥汀腾辉塔

建筑基本信息：
坐落地点：汕头市龙湖区下蓬镇鸥上村
落成时间：1738 年（清乾隆三年）
修缮时间：2016 年
建筑形制：楼阁式灰砂夯筑塔
建筑形式：塔上加塔（全国罕见）
建筑层数：7 层 +5 层
资源类型：1988 年被列为汕头市文物保护单位，2012 年被列为广东省文物保护单位

（1）鸥汀八景，腾辉倒影

腾辉塔位于今汕头市龙湖区鸥汀街道鸥上社区，俗称“鸥汀塔”。因鸥汀当时隶属蓬洲都管辖，所以《潮州府志》称该塔为“蓬洲塔”。古塔的南侧有小溪流，东北侧有一个大池塘，池堤垂柳摇曳，每当微风吹来，池面水波荡漾，塔影倒映在池塘中美丽如画，成为鸥汀一景，景名为“腾辉倒影”。

腾辉古塔也是一座“风水塔”，相传古时候鸥汀因为地气不藏而多发风灾、水灾和地震，乡民实为无奈。清乾隆二年（1737 年），广州府顺德县北滘乡鸥汀辛氏族人、翰林院检讨辛昌五自顺德赴福州主持省试，途经鸥汀故里谒祖省亲。辛翰林得知乡亲的苦楚，又发现鸥汀辛氏大宗祠前无峰峦、后无山脉，便建议建造这座风水塔，以壮旺地气、拔擢人才。据乡中老人介绍，建腾辉塔在当时有两个作用：一是因为原本腾辉塔塔前有一个水池，塔后是一条河，建塔不仅能够“增形胜”，还可以“兴文风”——当地人认为，腾辉塔犹如一支大笔在鸥汀这片土地上“书写”，而前面的水池如同砚台，河流则似墨水，就像“文房四宝”一般。另一个作用是航标，当时的鸥汀是位于海边的一片平原，没有高点。建起这座将近 16m 高的塔，便成为一处标志，让水上航行的人知道鸥汀到了。

（2）塔上塔结构，造型独特

在潮汕地区，藏身乡村的塔非常少见，腾辉塔是其中之一。腾辉塔以其形式结构独特，具有浓郁的地方特色和较高的历史、艺术和科学价值，于 1988 年被列为汕头市第一批文物保护单位，2012 年被列为广东省第七批文物保护单位。

该塔坐东南向西北，平面为六角形，外观七级，为楼阁式灰砂夯筑塔。该塔总高 15.82m，其中塔身总高 13.07m，塔刹 2.75m。二至四层用 4 条麻石条支撑木阁楼，顶层用 5 条石条支撑木屋顶和塔刹。

塔身除出檐用青砖叠涩而成，门框用花岗石条石砌筑，顶檐以瓦、灰砂铺砌外，其余（地埕、栏杆、塔身）均用贝灰、河砂、岗土、糯米、黄糖等按配比混合夯筑而成。塔腔内 3 层，每层用 4 根花岗石石枋承木楼板，置活动木梯可登各层。第一层正面辟一外方内拱形门，二至七层每面辟拱形窗，窗均排列在同一直线上。塔身逐层递减，收分适中。塔檐以挑檐砖叠涩挑出，上披灰砂，各檐下转角处置一异形丁头栱。塔刹为青砖砌筑的六角五级仿楼阁式小塔，残存四级，高约 1.99m，除各转角处无丁头栱外，其外观与塔身基本相同。

腾辉塔有两处独特的地方。常见的塔一般为砖塔或者木塔，而腾辉塔采用了贝灰混合材料夯筑的潮汕传统建筑方式建造。不费一砖一木让塔身更加坚固，这种建筑手法多用于潮汕传统民居的筑墙，但运用于塔构筑上却较为罕见。另一独特之处，便是其“塔上加塔”的结构。位于塔最高处的塔刹，是塔的收顶部分，一般佛教塔才有这样的装饰，但是将塔刹也建为塔身的“缩小版”，形成“塔上加塔”的样式，也极为少见（图 3-3-54 ~ 图 3-3-58）。

图 3-3-54 腾辉塔外立面图（许剑英 制图）

图 3-3-55 腾辉塔塔基（修缮后）（游彬升 摄）

图 3-3-56 腾辉塔的塔上塔（游彬升 摄）

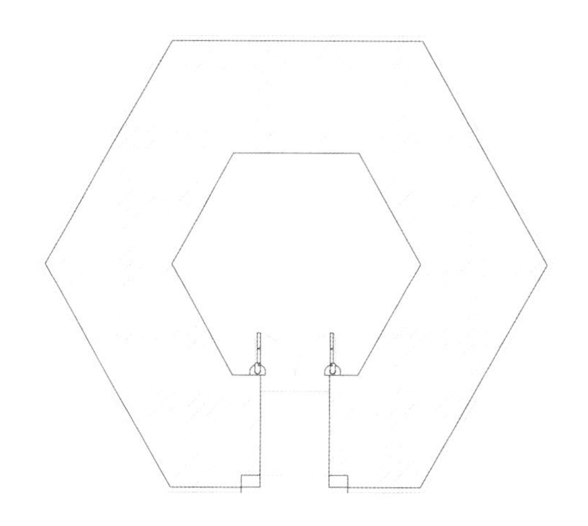

图 3-3-57 腾辉塔首层平面图（许剑英 制图）

图 3-3-58　腾辉塔全景（游彬升　摄）

騰輝塔

2. 澄海塔山古寺

建筑基本信息：
坐落地点：汕头市澄海区莲上镇塔山风景区
始建时间：1132 年（南宋绍兴二年）
重建时间：1986—1989 年
结构类型：石木结构
资源类型：1991 年被列为广东省风景区协会会员单位，2005 年被列为汕头市首批风景名胜区

潮汕祠堂、寺庙和民居的营造技艺如并蒂莲，同根出而各自盛放。自古以来，我国各地的名寺古刹都坐落在高山或茂林之间，给人神秘高深的感觉。有近 900 年历史、香火旺盛的塔山古寺，立于塔山之上，“山无塔以塔名亦异，有石似塔”。塔山古寺为弥补“塔山无塔”的遗憾，于 20 世纪 90 年代修建了 36 米高的七层塔——思安塔，并修缮营造古寺。历经数载的修缮营造，塔山风景区已颇具规模，形成了以塔山古寺为主的“古刹晨钟、石塔堆云、晴岚滴翠、天池夜月、云崖观海、银盏飞霞、龙泉品茗、白石听松、秀夫行迹、良宝遗踪”十大景观，俨然成为市民的游览胜地，延续和承载了当地深厚的意蕴和信仰。

塔山古寺原建于南宋绍兴二年（1132 年），清代多次重修，1958 年因建水库，古迹被湮没，1988 年重建并辟为旅游胜地，形成了一系列景观。

沧海桑田，海底上升，沙洲变成了陆地。塔山寺里晨钟暮鼓，香烟缭绕，木鱼声声，塔山笼罩着神秘雾霭。如今，此处已是以塔山寺为中心，融合人文景观与自然山水为一体的游览区，塔山全景有一寺十景、一水库二桥、二洞三山塘、四亭八泉、八摩崖石刻十二山路磴道、十二峰、三十二奇石。其中，有近 900 年历史、香火旺盛的塔山古寺尤为著名。近年，塔山风景区增设索道等设施，建设大愿塔及博物馆等。2005 年塔山风景区被列为汕头市首批风景名胜区。

塔山古寺依山临水，山门气势磅礴。天王殿为清水砖墙体、金黄色琉璃瓦屋面。屋面樞条，角瓦为原始杉木制作。屋面四周均向外飞檐，檐下用斗栱承托，飞椽为方形杉木椽条，正门门楣为双龙戏珠及人物戏剧嵌瓷。大雄宝殿为单座三间，重檐歇山屋面石木结构建筑。观音阁与地藏阁均为单座三间，单檐硬山式屋面建筑。

寺中主要建筑物天王殿雄伟壮观，殿内观世音菩萨、文殊菩萨、普贤菩萨、十八罗汉金光闪闪、栩栩如生（图 3-3-59 ~ 图 3-3-62）。

图 3-3-59 塔山古寺山门、前庭（翁志雄 摄）

图 3-3-60　塔山古寺正面（翁志雄　摄）

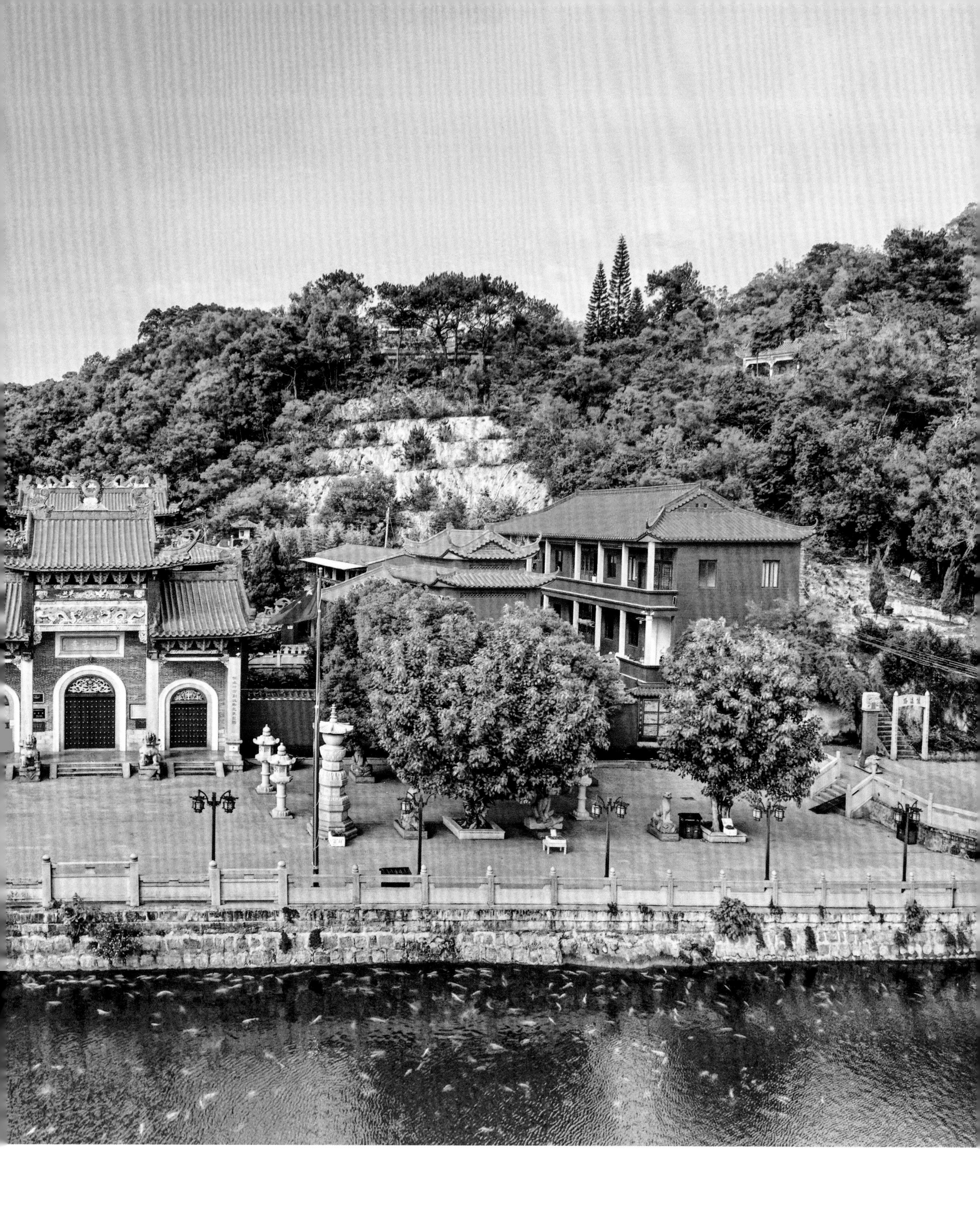

图 3-3-61　塔山古寺大雄宝殿（翁志雄　摄）

15815296447
15815296447

图 3-3-62　塔山古寺钟楼和地藏阁（翁志雄　摄）

3. 浮陇三山国王庙

建筑基本信息：
坐落地点：汕头市金平区汕樟北路浮西路段
始建时间：1774年（清代乾隆三十九年）
重建时间：2007年
占地面积：540m²
建筑形式：二进厅“双佩剑”
结构类型：石木结构
资源类型：2010年被列为汕头市文物保护单位

潮汕人曾经历动荡与迁徙，或许因朝代更迭、风云不定，他们更相信家族的力量与内心的信仰。作为潮汕人眼中古老的守护神之一，“三山国王”掌管潮汕生死大事，在潮汕地区受到广泛崇拜，有很高的地位。

“三山国王”信仰至今已有1400多年的历史，出自三座高山化为人形的传说或源于中原人进入之前的山神崇拜。

据传海内外共计有数千座三山国王庙，在潮汕地区几乎每个自然村都有一座三山国王庙，还有一些其他神灵的庙宇也同时供奉着三山国王，而位于汕头的浮陇三山国王庙，便是这千座之一。

（1）三山国王见证古老信仰

传说三山国王是潮汕民众信奉的地方守护神。“三山”指的是潮州、惠州、梅州交界处的三座粤东名山，即揭西县河婆镇北面的独山、西南面的明山和东面的巾山。“三山国王”最初被称作“三山神”，传说“三山神”是三位异姓兄弟，曾协助隋文帝杨坚开创帝业，被封为将军，三人不恋荣华富贵，挂印退隐后修成正果，保佑潮州府一方安宁。

又传，宋太宗赵光义早年未继位时，在征讨南方平定天下时，原本城池非常难攻，巾、明、独三位山神显灵帮助击退。赵光义当上皇帝后为了感恩，下旨颁赐三位山神为国王，其中大哥连杰为助政明肃宁国王，二哥赵轩为清化威德报国王，三弟乔俊为惠威宏应丰国王。

唐代韩愈曾撰《祭界石神文》并派属官前来致祭，名将陈元光曾留下《祀潮州三山神题壁》诗三首。元代则有刘希孟《明贶庙记》。

（2）浮陇古村的玩味巷名

在潮汕地区，三山国王的信众多，各地都有供奉的庙宇。据不完全统计，粤东地区各地已知的三山国王庙超过200座。此外，还有一些庙宇也同时供奉着三山国王。地处浮陇古村的三山国王宫既是该乡地标，也是浮陇人的信仰所系。

浮陇古村位于汕头市区北部。“浮陇”最初的地貌是海与梅溪河冲积之下形成的沙脊，今浮陇人仍然将浮东南畔路以南称为“浮陇海墘”。村内“蛤蟆巷”“狮头巷”等巷道的命名意味深长，见证了独特的人居文化。其中，“宫巷”亦见证浮陇的古老信仰。

浮陇古村设立了诸如三山国王宫等相关祭祀场所，也留下了不少相关街巷名。浮陇三山故名“宫巷”。宫内祭拜神明众多，除三山国王外，有天恩公、弥勒佛、玄天上帝、地母娘娘、花公花妈、福神爷、舍人爷、护法爷，还祭拜两广总督周有德、广东巡抚王来任等（图3-3-63～图3-3-67）。

图 3-3-63　三山国王庙正面（翁志雄　摄）

图 3-3-64　三山国王庙屋脊嵌瓷（翁志雄　摄）

图 3-3-65　三山国王庙准提阁门面（翁志雄　摄）

图 3-3-66　三山国王庙拜亭（翁志雄　摄）

图 3-3-67　三山国王庙拜亭木雕梁架（翁志雄　摄）

4. 北山名胜　别有洞天：潮阳古雪岩寺

建筑基本信息：
坐落地点：汕头市潮阳区西胪镇波美村虎山
始建时间：1127—1130 年（宋建炎年间）
新建项目：藏经楼、般若亭、天王殿、斋堂、客堂
修建项目：圆通殿
修建时间：2021—2022 年（圆通殿）
占地面积：1.4 万 m^2
建筑形式：庙宇式建筑

千年古邑历史悠久，人文底蕴深厚绵长，造就了潮阳丰厚的旅游资源。全区有名胜古迹和景区（点）130 多处，基本形成古棉城、莲花峰、大峰、灵山寺、古雪岩、耀明书院等六大旅游景区（点）。

古雪岩的闻名之处除了悠久历史，还在于它别具一格的建筑特色。寺院以众多上下错落的岩洞为基础，按山势的起伏曲折，建筑了一系列寺院殿堂。经过多次修建，形成了三进四天井、后厅主殿为重檐庑殿式琉璃瓦的土木结构殿宇，殿内雕刻全堂佛像和五百罗汉群像，形象逼真生动，与古雪岩的天然景观浑然一体，吸引着八方游客。

古雪岩寺位于汕头市潮阳区西胪镇波美村北山脚下。古时岩中钟鼓相闻，梵呗悠扬，香火甚旺。但在历史长河中，几经沧桑，遭火烧兵燹之祸。相传唐贞元六年（790 年），中原禅宗第九代传人大颠和尚创立灵山寺之后，又翻山十余里至此，开创莲花院。至宋代，时任潮州知军州事的黄詹，因乐潮阳之山水而落籍于潮阳创波美村，对岩洞进行开发，拓建寺舍，始称古雪岩。

到了元代，浙江盐运提举黄麟和广西提点黄岩显又相继扩建。明弘治戊午（1498 年）科举人黄用直主持重修。清末围歼山贼，抗日战争时期围歼日寇，中华人民共和国成立后都受到不同程度的破坏。中华人民共和国成立后为礼佛需要，在古雪岩边建起一座两进佛堂，称圆通宝殿。20 世纪六七十年代，在极左思潮冲击下，该殿被夷为平地，文物损失惨重。

经过多年来的修建，如今寺院占地约 1.4 万 m^2，殿宇辉煌，亭阁挺秀，莳花遍地，寺道广阔，佛像庄严，五百罗汉形态各异，风格奇特。

北山名胜古雪岩寺内，有“蝙蝠岩洞、摩崖石刻和四季杨桃”三宝。寺后青嶂叠翠、怪石嶙峋，堪称天然奇石公园。岩洞长达一里余，里面数千蝙蝠群居，世代繁衍，该石洞是古雪岩最早的发祥地。每逢节假日，善缘游客礼佛众多。倘逢僧人做功课，但闻钟鼓梵音，回荡幽谷，顿觉心怡神爽，乐而忘归（图 3-3-68 ~ 图 3-3-71）。

图 3-3-68　古雪岩寺全景（翁志雄　摄）

图 3-3-69　古雪岩寺圆通宝殿（翁志雄　摄）

图 3-3-70 古雪岩寺圆通禅寺石泉（谢婷 摄）

图 3-3-71 古雪岩寺圆通禅寺内保留的天然岩石（谢婷 摄）

5. 闹市里的潮汕古建典范：普宁城隍庙

建筑基本信息：
坐落地点：揭阳市普宁市洪阳镇
始建时间：1563 年（明嘉靖四十二年）
重建时间：1999—2004 年
占地面积：2400m²
建筑形式：三厅两院四厢房
资源类型：2008 年被列为普宁市文物保护单位

普宁城隍庙距离揭阳市普宁洪阳镇东北侧的旧县衙约 300m，与文昌阁毗邻。始建于明嘉靖四十二年（1563 年），与普宁县城同龄，距今已有 460 多年历史。“洪阳”原名“厚屿”，历史渊源久远，境内溪河如结网，纵横交错，环境优美，人杰地灵，民风淳朴，是一个典型的潮汕特色古镇。洪阳镇分别于 2008 年 10 月、2014 年 7 月被评为中国历史文化名镇和全国重点镇。

历经明、清两代数次重建、修建，普宁城隍庙规模宏大、影响深远。现为原址重建工程，建筑结构保留了明代风格和地方特色，拥有精美木雕与精致石雕，融合多种传统建筑工艺。

“城隍”一词本指护城河。古时人们筑城而居，在城外挖壕堑，有水称“池”，无水称“隍”，班固《两都赋序》：“京师修宫室，浚城隍”。中国城隍信仰起源很早，传说朱元璋崇信城隍，亲自为城隍封爵。也有传说明代各府州县新官到任，必先宿当地城隍庙，祭祀城隍神，方可上任。在揭阳下辖的普宁洪阳，城隍公被普宁民众视为一方保护神，每年农历正月十七日举办“营城隍公”，即“普宁城隍公皆同夫人出游巡城盛况”，场面壮观，极其热闹。

普宁城隍庙历经明、清两代数次重建、修建，为三进二天井格局，中轴线上依次为山门、拜亭、大殿、后殿，左右两边分别是两庑（厢）及钟鼓楼。历史上，中堂及门楼廊庑（两廊）由知县赵勉周于清康熙三十四年（1695 年）重修。清康熙四十八年（1709 年）知县安定枚重建后堂，两廊六司房舍，成为三厅二天井宫殿式建筑。该庙在平面布局上，大胆地将池、拱桥等园林建筑融合于庙宇布局之中。

中华人民共和国成立后，普宁城隍庙曾作为工厂、学校使用，虽然部分被改建，但建筑结构保留了明代风格和地方特色。1999 年成立“普邑城隍庙修建委员会”，由社会各界人士捐资重建，恢复原本格局，才形成现今的规模样貌，成为当地有名的旅游景点。2008 年 6 月被列为普宁市文物保护单位（图 3-3-72 ~ 图 3-3-77）。

图 3-3-72　城隍庙设计图（许剑英　制图）

图 3-3-73　城隍庙门楼（翁志雄　摄）

图 3-3-74　城隍庙正面（翁志雄　摄）

城隍古廟施福澤

图 3-3-75　城隍庙拜亭及钟鼓楼（翁志雄　摄）

图 3-3-76　城隍庙拜亭鼓楼屋檐嵌瓷（翁志雄　摄）

图 3-3-77　城隍庙伯府夫人府殿回廊（翁志雄　摄）

6. 屋顶上的戏剧：南澳武帝庙

建筑基本信息：
坐落地点：汕头市南澳县后宅镇
始建时间：1576 年（明万历四年）
重建时间：2004 年
建筑形式：二进厅“双佩剑”，二进厅相连接

潮汕古建筑壮丽而又精致，其装饰工艺更是对工匠技能的严格考验；而工匠们极尽巧思，将山海物产、戏曲艺术、南洋风情等多元素巧妙地融会其中，登峰造极，呈现“潮式极繁美学”。

潮汕古建筑的屋顶是一处极富装饰性的地方，工匠们运用丰富的装饰手法，将屋顶装点得处处生花，争奇斗艳，皆是景致。这些被誉为“屋顶上的戏剧”的装饰不仅增加了建筑的美感，更体现了潮汕人民卓越的建筑智慧和工艺水平。

在民间，三国蜀国武将关羽一生忠义仁勇，诚信冠满天下。在三国中，关羽以桃园结义、温酒斩华雄、千里走单骑、过五关斩六将、夜读春秋、刮骨疗毒、水淹七军等脍炙人口的传奇故事而声名威震华夏。死后被封为“忠义侯”，其忠义大节，为后世崇仰，祀以为神，被尊为关公，又称关圣帝君。供奉关公的庙宇，也称作“关帝庙”。潮汕地区的关帝庙又称武庙、武帝庙，其数量仅次于妈祖庙、三山国王庙。潮汕民间流传着不少关羽的英雄故事，如“关公砍狐怪故事”“关公与倒枫树村故事”“后宅帝君扎头巾故事”“关公助戚继光剿海盗吴平故事”等。

在汕头南澳岛上，有不下十座武帝庙，其中位于后宅镇前江埠的武帝庙是较有名的一座。其嵌瓷工艺赋予了庙宇屋顶灵动的生命力，这也是后宅武帝庙的建筑出彩之处，它取材于民间故事和神话传说，每一屏都栩栩如生，细节处精益求精，彰显出工匠们的高超技艺和独特的艺术魅力（图 3-3-78 ~ 图 3-3-81）。

图 3-3-78　武帝庙门楼屋面嵌瓷（翁志雄　摄）

图 3-3-79　武帝庙屋面嵌瓷（翁志雄　摄）

图3-3-80　武帝庙门面装饰（翁志雄　摄）

图 3-3-81　武帝庙建筑外观（翁志雄　摄）

武威壮山河精忠大節傳萬古

7. 古刹胜景　诗墨沙门：南澳屏山岩寺

建筑基本信息：
坐落地点：汕头市南澳县深澳镇西天岭
始建时间：1750 年（清乾隆十五年）
重建时间：1790 年、1820 年
修建时间：1993—1998 年
资源类型：1999 年被列为南澳县文物保护单位

堪称“东方夏威夷”的南澳岛，一半是历史一半是美景。岛上原生态景观浑然天成，30 多座大大小小的庙宇依靠地理环境，建造带有“岩”“潭”等自然特色的庙宇。南澳屏山岩寺始建于清乾隆十五年（1750 年），于嘉庆年初重修，至今曾遭损毁后重建及修缮。这座沙门古刹，景色风光壮丽且荟萃了诗墨书意，是一处不可多得的“海岛史庙”。

（1）古刹历史

清乾隆十五年（1750 年），由住持释泗香重修，并禀报官府保护香油田园，代理闽粤南澳海防军民府同知陈庭枚为此而勒石“佥批勒石以护沙门事”。约经过 30 年后的清乾隆四十五年（1780 年）再修，易名为“屏山岩”沿称至今。

清嘉庆年间重修。1975 年底因岩前挖筑水库建水电站，为找出一个地方堆放沙、石、水轮机、发电机，而把一厅二房的古刹拆掉，仅留横厝作指挥部，其余遭毁殆尽，遗下碑记一方与伤科医书《少林真传》秘藏。

幸政通人和，三宝重兴。1991 年，中国佛教协会常务理事、广东省佛教协会副会长、汕头市佛教协会会长定持法师，因童真入道于此，系释纯鉴之高足，发愿重建祖庭，获政府批准，得乡众支持。1992 年 1 月 8 日奠基，从 1993 年夏聚集工匠、准备材料至 1998 年告竣，总建筑面积 2000 多平方米，把古刹重建扩大一新，从南向北，有天王殿、大雄宝殿以及两厢、藏经楼、观音阁、地藏阁、宾山亭、诗碑廊、露天观音站像、金针宝塔。

（2）沙门诗墨荟萃

屏山岩，不仅是一座古老庄严的沙门，还是一处诗墨荟萃宝库。屏山岩有清末邑人张殿光所撰的对联——“屏山峭立西天岭　岩寺凭依南岛峰”，也有民国时期高僧、上海圆明讲堂圆英法师所撰的对联“屏藩毓秀围青嶂　山水钟灵涌壁岩”，这两副对联概括了屏山岩的雄伟气势、壮丽风光。

门楼正中悬挂着原广东省政协主席吴南生题写的“屏山岩”牌匾。踏着石阶，上了拜亭，内外四条立柱上刻着对联：“翠竹黄花皆实相　清池皓月照禅心”“定境寂时烦恼寂　持心平处世间平”。

藏经楼后的高丘上，有一座拔地而起的七级浮屠“金针宝塔”，八面玲珑，直插霄汉。塔联云：“登临出世界　蹬道盘虚空”。现宾山亭的石柱上，铭刻着多副对联：“宾山高晓日　亭数落烟霞”“宾贡随和慈性定 山吞猎虎恒心持”“宾山至理通禅理　慈恒诚心即佛心”。对联嵌入了宾山、慈恒、定持的名字。亭侧有重刻的清代《宾山岩田亩碑记》，记述保护宾山岩的有关情况。

此外，寺前水池一侧建有一座古朴典雅的诗碑廊，潮汕当代名贤及诗家的诗墨题咏都镌刻在一方方的碑石上，游人可一边赏景一边品味诗人的佳作（图 3-3-82 ~ 图 3-3-87）。

图 3-3-82　屏山岩寺全景（翁志雄　摄）

图 3-3-83　屏山岩寺俯瞰图（翁志雄　摄）

图 3-3-84　屏山岩寺门面（翁志雄　摄）

图 3-3-85　屏山岩寺藏经楼（翁志雄　摄）

图 3-3-86 屏山岩寺金针宝塔（翁志雄 摄）

图 3-3-87 屏山岩寺大门（翁志雄 摄）

8. 狮城古迹　潮人印记：新加坡粤海清庙

建筑基本信息：
坐落地点：新加坡菲利普街 30 号 B
始建时间：1819 年（清嘉庆二十四年）
重建时间：1895 年（清光绪二十一年）
修建时间：2012 年
占地面积：1438m^2
资源类型：1996 年被列为新加坡国家保护古迹，2014 年被新加坡政府授予旧建筑修缮工程奖，2014 年获联合国教科文组织亚太文化资产保存优异奖

常说“海外一个潮汕”，意为海外潮汕人大量存在。从最初的“红头船”出发至东南亚、到之后的欧美以及大洋洲，遍布潮人足迹。这是华人海外移民的重要组成部分，也是“潮商”这一族群的延续。

作为新加坡的文化遗产，粤海清庙代表了早期华人移民的信仰和文化传统。它是新加坡最古老的道教寺庙之一，承载着潮汕人的历史和文化记忆，并通过其建筑、艺术品和仪式等方面展示了华人传统文化的丰富性。粤海清庙的存在和维护，对于保护和传承新加坡社会中的华人文化具有重要意义（图 3-3-88、图 3-3-89）。

（1）从“亚答小庙”到“粤海清庙”

观其庙名，此庙与“广东”和“海洋”有关。“粤”指广东，“海清”一词是“海路清平”之意。意指粤海清庙（Yueh Hai Ching Temple）是“一座风平浪静的寺庙”，代表清洁纯净和神圣，供信徒们来此参拜、冥思和寻求内心的宁静。

当时许多来自中国广东省潮州府的移民到达新加坡，在此定居繁衍，带来了他们的宗教信仰和文化传统。根据《潮侨溯源集》所述，粤海清庙最初是一间供奉妈祖的神坛，在 1738 年之前由澄海樟林人林泮所建，原址在“山顶仔”。后来由在暹罗、新加坡之间从事航运、创办“万世顺公司”的庵埠东溪人王丰顺重建。从粤海清庙内找到的已卯年（1819 年）“天恩公”炉，证明了粤海清庙在 1819 年已经存在。[①]

按照官方说法，粤海清庙在 1826 年被正式重建为一间双殿庙宇，主奉妈祖与玄天上帝，成为新加坡最古老的妈祖庙与玄天上帝庙。潮汕人称神为“老爷”，大神被敬称为“大老爷”，所以将粤海清庙俗称为“大老爷宫”。建庙的初衷是为了维系来谋生的潮州同乡之间关系，保佑那些南来北归的航海者能安然抵达目的地，即潮人乘红头船泊新加坡岸的海滩；庙里供奉的天后圣母，保佑从广东下南洋的子民一路平安。昔日潮人乘着“红头船”，带着“浴布、甜粿、市篮”漂洋过海，初抵这片陌生土地的移民必到庙中礼拜天后圣母，以答神恩，同时也为自身和家人祈求平安。他们将这座寺庙视为信仰和文化的象征，以纪念他们的祖先和传统，承载着他们对故乡的怀念和对宗教的虔诚崇敬。

粤海清庙初期是由万世顺公司管理，到了 1845 年才由余有进等潮侨领袖组织的义安公司接管。“义安公司”是以潮州的前身“义安郡”命名，接管粤海清庙后，义安公司在原址上扩建和修缮古庙，早期还将办公室设在庙内。至今，粤海清庙仍然是义安公司名下的产业，也仍是最具代表性的潮人庙宇，并已被列为受国家保护的古迹。现存建筑面貌为 1895 年重修后原貌。

清光绪二十五年（1899 年）御赐“曙海祥云”匾，以赏潮商募资之举，较同为新加坡古迹的天福宫之“波靖南溟”匾为早。今匾尚存于天后宫内，金光耀人。在新加坡的华人寺庙中，只有粤海清庙和闽帮的天福宫获赐清帝御题，可见其当时受重视之程度。除此之外，庙内还挂满早年由客家、广东以及琼州会馆所敬赠的匾额，显示当年客、广、琼、潮四帮的良好关系。四帮还在 1937 年联手创立新加坡广东会馆，并将办公室设立在粤海清庙。庙中古物还包括了道光十七年（1837 年）

① 潘醒农 . 潮侨溯源集 [M]. 北京：金城出版社，2014.

的天后圣母铜钟和道光十六（或十八）年的玄天上帝铜钟，以及道光六年（1826 年）的对联。

该庙当时所处的位置是新加坡东北区域的榜鹅地区，庭院临近汹涌的海洋。榜鹅过去是一个偏远渔村，居民多从事种植业和家禽养殖，配套不完备，基础设施较差。近两百年过去，榜鹅的面貌已经有了翻天覆地的变化。作为新加坡第三代新市镇，榜鹅是在 21 世纪新镇计划下建设的第一个新城镇，目前仍在建设中。

随着市镇的发展变化和潮商的壮大，粤海清庙也随之逐渐被扩建和改善，从简陋的“亚答小庙”发展到规模宏大的“粤海清庙”。

（2）活着的历史古迹与潮人宗族信仰

粤海清庙是新加坡宝贵的文化遗产之一，它见证了潮人移民群体的历史，承载着他们的信仰和传统。在潮侨领袖组建义安公司和潮州八邑会馆成立之前，粤海清庙还一直是潮人社群的仲裁机构，在庙宇内为族群调解个人或商业纠纷、家庭问题。时至今日，粤海清庙仍是最具代表性的潮人庙宇，并于 1996 年 6 月 28 日被列为新加坡国家保护古迹。

粤海清庙除了具有深远的历史意义外，本身便是一座极具特色的庙宇建筑。庙里根据历史神话、民间故事、英雄事迹塑造的泥雕和木雕，形象生动，栩栩

图 3-3-88　粤海清庙外大楼（纪传英　摄）

图 3-3-89　粤海清庙正立面图（许剑英　制图）

如生，不仅深具教化作用，还充分表现了潮汕传统手工艺的高超。庙宇整体以潮汕建筑的风格和传统形式建成，融合了中国南方的传统设计元素，用潮州嵌瓷与木雕艺术点缀，造型优美，展示了华人建筑的精湛工艺和细致雕刻。庙宇的每个殿堂都供奉着不同的造像。左祠是上帝宫，供奉玄天上帝，右祠是天后宫，供奉天后圣母（妈祖）。因二庙相连，故称“孖庙”。当地人较喜欢用“孖庙”来称呼粤海清庙，是双殿庙的意思（图 3-3-90～图 3-3-99）。

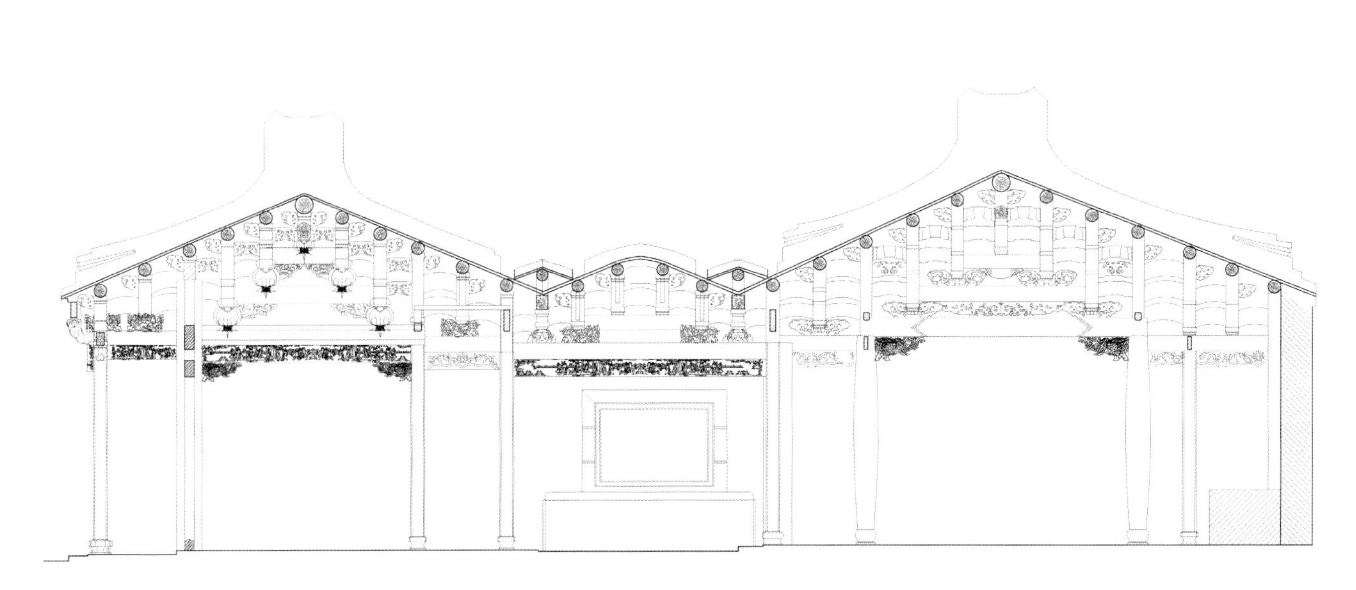

图 3-3-90 粤海清庙天后宫剖面图（许剑英 制图）

图 3-3-91　粤海清庙山门正面（纪传英　摄）

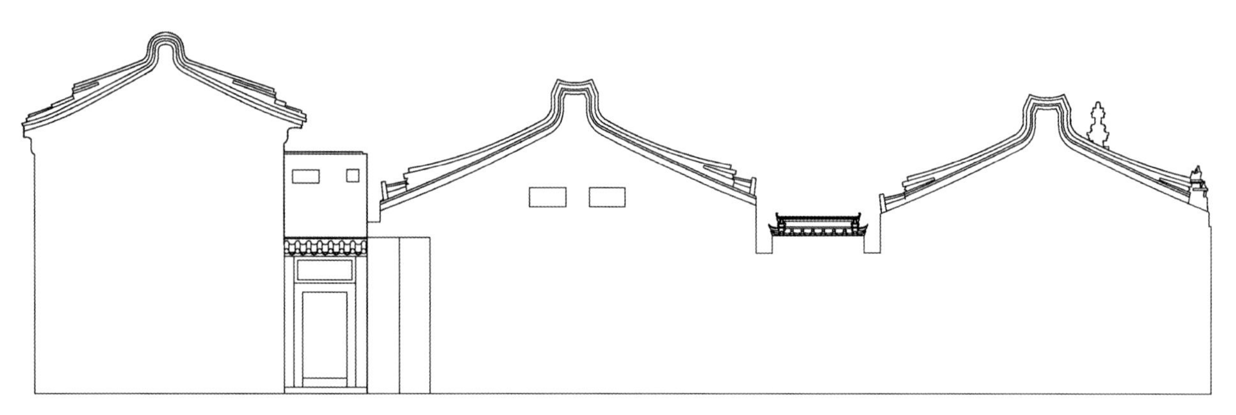

图 3-3-92　粤海清庙侧面图（许剑英　制图）

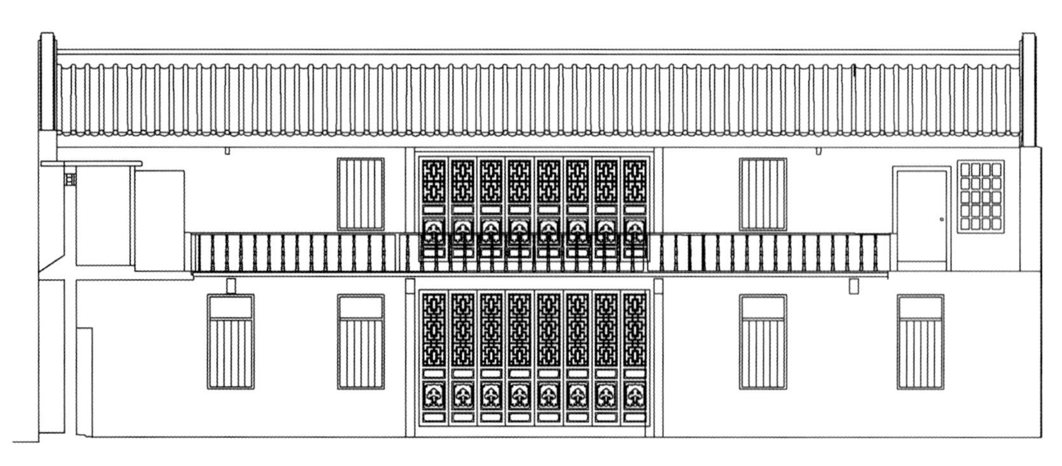

图 3-3-93　粤海清庙后包厝正立面图（许剑英　制图）

图 3-3-94　粤海清庙泥塑彩绘（纪传英　摄）

图 3-3-95 粤海清庙屋脊嵌瓷（纪传英 摄）

图[illegible]-3-96 粤海清庙屋顶嵌瓷（纪传英 摄）

图 3-3-97 粤海清庙泥塑龙井（纪传英 摄）

图 3-3-98　粤海清庙梁架金漆木雕（纪传英　摄）

图 3-3-99　粤海清庙梁架凤托金漆木雕（纪传英　摄）

9. 汕头内海湾的潮俗大观园：汕头天坛花园

建筑基本信息：
坐落地点：汕头市南滨路中段
落成时间：1993 年 10 月
占地面积：约 53000m²
建筑类型：宗教建筑
建筑构成：白花尖大庙、九天玄女万佛塔、梨山老母神仙祠、九天禅院、斋堂、龙船舫、大牌楼等

汕头天坛花园坐落在濠江区风景秀丽的石山东麓，依山傍海，面朝汕头内海湾，占地约 53000m²。规模宏伟，典雅别致，设计精巧，充满民俗文化艺术景观，堪称自然风景与人工巧筑结合的“潮汕民俗文化大观园”。

天坛花园由港胞陈锡谦等海外侨胞倡议并诚捐巨资兴建，于 1993 年 10 月正式完工。花园内有白花尖大庙、万佛宝塔、黎山老母神仙祠、九天禅院、龙船舫等建筑景观，使这座花园享誉盛名。在开光大典上，海内外人士多达五万之众参加了仪式，场面盛况空前。经过 30 年的发展，这座“潮汕民俗文化大观园”香火鼎盛，香客不绝，现已成为粤东地区一处集民俗、文化、宗教于一体的游人寻幽览胜所在地。

（1）牌楼

大牌楼位于天坛花园的入口，是一座具有三门四柱七屋面的建筑，宽 23.1m，高 16.83m，巍峨耸立，蔚为壮观。其结构采用钢筋混凝土，整体设计精巧而坚固。

牌楼的每个柱础、大梁、匾额都贴上了石板，这些石板表面采用浅浮雕图案，相互映衬，精细美观，赋予了这座建筑更多的艺术气息。柱础上青石浮雕盘龙柱的形式，美观大方，寓意吉祥。柱身中间被浇筑了钢筋混凝土，使得整个建筑更加坚固耐用，经得起时间的考验。

屋面覆盖着绿色琉璃瓦，这是中国传统建筑的特色之一。中脊两端装饰有鸱吻与垂脊兽，独特的装饰使大牌楼更显庄严。斜脊面装饰有脊兽，形象生动，富有传统特色。

斗栱承托着飞檐，飞檐下是双层方形飞椽装饰，设计既美观又实用。这种传统建筑工艺和现代建筑材料的结合，既保留了中国传统建筑的风貌，又具备了现代建筑的牢固性和耐用性。

整座大牌楼的造型气势雄伟，美丽壮观，是天坛花园中一处重要的景观。

（2）白花尖大庙

天坛花园内以白花尖大庙为中轴主建筑，南面（右畔）是九天玄女万佛宝塔、黎山老母神仙祠，北面（左畔）为佛教场地九天禅院和斋堂，后面（西畔）为大山，前面为广场、龙船舫、放生池和山门大牌楼等主要建筑。

白花尖大庙（九天娘娘庙）是天坛花园的主建筑，面积 2460m²，前埕 1722m²，合计 4182m²。大庙主神九天圣母娘娘，又名“九天玄女”，传说为上古女神，人头鸟身，是圣母元君弟子、黄帝之师，辅助黄帝战胜蚩尤安定天下而得敕封为女神。柳锡旺先生在我国香港九龙官塘区建百花尖庙奉祀，因梦见女神嘱咐而改“百”为“白”，遂改称“白花尖庙”。陈锡谦先生来汕头倡建天坛花园工程时，移九龙娘庙香火来礐石创九天圣母娘娘庙，故称为“白花尖大庙”。

白花尖大庙为供奉九天娘娘、黎山老母、天后圣母以及其他众神而建立。整座大庙凝聚了嵌瓷、雕塑、浮雕、灰塑、彩绘、漆面等，以及木工、泥工、工匠工艺大师的技艺。主庙为两厅一院两通廊格局，宽 41m，长 60m。前厅两廊、拜亭均为单檐钢筋混凝土结构，金黄色琉璃瓦屋面。后厅为重檐歇山式钢筋混凝土结构，金黄色琉璃瓦屋面，屋面下檐与拜亭相连，檐

口高度为9.25m，上檐檐口高度为13.8m，中脊面高为23m。前厅和后厅屋面中脊均为双龙戏珠琉璃瓦构件，拜亭中脊面为双凤朝阳琉璃构件，屋面檐口滴水均飞出墙外。后层飞檐为2.97m，前层飞檐为1.98m，两廊飞檐0.85m，飞檐层下做双层飞椽，下层为圆形，上层为方形，飞椽、室内墙尾、梁架、薄井板均做油漆彩绘；大柱为大红柱身，金黄色柱础，显出金碧辉煌的感觉。正面前柱和后厅前柱各4根，雕塑盘龙栩栩如生。正面墙尾为人物、花鸟嵌瓷画幅，马面墙面塑灰塑浮雕左右各一幅，庙内两廊墙面为灰塑浮雕各一幅。

从结构上看，本大庙为大跨度、超高度的钢筋混凝土结构。后厅750m^2，中间设4根圆形梭柱，中间跨度为17.82m，边跨为11.22m，天棚藻井板高11.22m，外墙为300mm厚钢筋混凝土剪力墙和半圆形夹墙柱。拜亭200m^2，4根八角柱支撑屋面斜梁；前厅正面为4根圆柱雕塑盘龙柱，内面为4根梨花柱，外墙与隔墙为厚约250mm钢筋混凝土剪力墙，柱支撑屋架，屋架支撑屋面梁柱，剪力墙尾除受力柱外，均与屋面隔离80cm高空隙。空隙处安装斗栱，做装饰和通风作用。由于跨度大，层高超高，因此高支模、异形柱和多层次相连屋面的施工。

（3）九天玄女万佛塔

九天玄女万佛塔、黎山老母神仙祠位于白花尖大庙右畔，占地面积4300m^2，九天玄女万佛塔为816m^2，黎山老母神仙祠为3484m^2。九天玄女万佛塔在黎山老母神仙祠中间，为正八边形钢筋混凝土结构九层塔。被冠为“粤东第一塔”的九天玄女宝塔，高耸入云。

宝塔坐西向东，与大庙同向，相距仅数十米。塔前有宽广的850m^{2}石板大埕。塔从地面至避雷针总高度为56.8m。塔外墙贴花岗石石板，塔窗雕塑佛像。塔各层塔檐和九层屋面均为绿色琉璃瓦。檐下用双层钢筋混凝土方形飞椽装饰。塔侧为葫芦形钢筋混凝土砖混合物，表面贴金陶瓷锦砖，塔刹中心不锈钢避雷针升高葫芦嘴。塔的正中心是电梯井，电梯可直到七楼。人行楼梯围绕电梯间，四面可直上八楼，八楼上至九楼另设楼梯。楼梯外围为正八边形钢筋混凝土剪力墙。八角设8根圆柱，直至九层板下，是本建筑物的主要承重结构。塔外墙为钢筋混凝土剪力墙。八角均为圆柱，外墙从下至上逐层缩入，缩入部分为走廊。宝塔的第一层至第七层各设一门，并各设7个假窗，实系以聚酯（俗称“玻璃钢”）雕塑佛和菩萨，其中第一层为弥勒佛，二至三层为普贤菩萨，四至五层为文殊菩萨，六至八层为如来佛，九层设8个门。在这巍峨宝塔南侧有一高约60m的半绿半赤高峰拔地刺天，且前面有一30多米高的天然石，上面刻着“南天一柱”四个行书大字，令人回味无穷。

黎山老母神仙祠在九天玄女宝塔外围，围绕塔外围八面而建，为钢筋混凝土框架双层结构。屋面为钢筋混凝土斜屋面，盖绿色琉璃瓦。外墙为红砖砌筑、贴仿清水砖红砖片，墙尾做人物、花鸟等灰塑壁画，檐下安装斗栱衬托屋面飞檐，飞檐下面用双层混凝土方形椽条装饰。

（4）九天禅院

九天禅院位于白花尖大庙左畔（北面），由天王殿、钟楼、鼓楼、观音阁、地藏阁、大雄宝殿等单体建筑组成。

天王殿为钢筋混凝土框架结构。单檐歇山式琉璃瓦屋面建筑。墙体为红砖砌筑，外面贴仿清水砖红砖片。屋面为金黄色琉璃瓦。

钟楼、鼓楼建筑面积为291m^2，为双层楼阁式钢筋混凝土结构，墙体为红砖条砌筑，外墙面贴仿清水砖红砖片，屋面为单檐歇山式金黄色琉璃瓦屋面。

观音阁、地藏阁建筑面积为180m^2，为钢筋混凝土结构，单檐歇山式十字脊，金黄色琉璃瓦屋面，墙体为红砖条砌筑，外墙面贴仿清水砖红砖片。

大雄宝殿是九天禅院的主殿，建筑面 578m^2，钢筋混凝土框架结构，重檐歇山式金黄色琉璃瓦屋面，外走廊柱为花岗石实心柱，墙体为红砖砌筑，外墙面贴仿清水砖红砖片，扇门为菠萝格红木制作。室内在上、下檐相隔处设钢筋混凝土结构藻井板，下面做油漆、彩绘。内墙面刷乳胶漆，墙尾和走廊额梁做彩绘。屋面飞椽做混凝土方形飞椽，下檐额梁上面和下檐接上檐墙尾均设装饰斗栱，做油漆、彩绘。屋面中脊安装双龙戏珠琉璃构件，走廊栏杆为花岗石栏杆。整座建筑的内部装饰金碧辉煌，外观造型美丽壮观。

（5）放生池与四龙船舫

放生池位于白花尖大庙东北角（九天禅院天王殿前面），放生池的西南、东北、东南、西北四面各建有一座龙船舫。

西南面龙船舫与东南面龙船坊的平面布局和结构形式相似，西南面龙船舫为五跨六柱五屋面。底座为钢筋混凝土结构，坤甸木栏杆；柱为花岗石方柱；屋架屋面梁桷为杉木结构。屋面瓦为绿色琉璃瓦。屋面造型为高低错落的五间相连接屋面，中间为单檐歇山式，中脊面安装和合二仙雕塑；次向为单檐卷棚屋面与中间、边向连接；边间为单檐歇山式。五个屋面错落有致，造型各异，加上屋脊兽饰，额梁彩绘、雀替、花篮等雕花构件配套以及龙头龙尾的雕塑彩绘，给人小巧玲珑、美观舒畅的感觉。虽两面龙船坊布局和形式相似，但是东南龙船舫屋面变动两端为重檐四角亭，中间为单檐硬山式屋面，中立跨额梁改为花罩，屋面飞檐为双层方形飞椽。额梁柱做油漆、彩绘，中间和两边间顶棚均做彩绘。

东北面龙船舫的平面布局和结构形式与东南面龙船舫接近。但屋脊造型和配套有所改变，五间屋脊均为卷棚顶，中脊面安装人物嵌瓷戏剧一套。船头船尾雕塑为仕女人物雕塑。而东南面龙船舫的平面布局则为五向十二柱，地面为船形，钢筋混凝土结构，柱为花岗石方柱，屋面为三座，用绿色圆形雨伞亭相连。两端屋面为单檐，中间为重檐，中间下檐檐口与两端单檐檐口标高为一水平面。所有梁柱、屋面梁桷均为木结构，中跨和两边跨额梁下为挂落，次间额梁下为花罩，均做油漆、彩绘，顶棚为木结构油漆、彩绘。

西北面龙船舫长 18.25m，建筑面积 59.86m^2，平面布局为五间六柱，地面为船形，钢筋混凝土结构。中部柱为花岗石方柱，屋面为三座圆形雨伞亭相连，两端屋面为单檐，中间为重檐，中间下檐与两边间檐口标高为同一水平面。所有梁枋、楹桷均为杉木结构，亭面用绿色琉璃瓦。中间和两边间额梁下为挂落，次间额梁下为花罩，顶棚为木结构，均做油漆、彩绘（图 3-3-100～图 3-3-108）。

图 3-3-100 天坛花园牌楼立面图（陈远宁 画）

图 3-3-101 天坛花园牌楼（翁志雄 摄）

图 3-3-102　天坛花园与礐石山（翁志雄　摄）

图 3-3-103　天坛花园九天玄女万佛塔（翁志雄　摄）

图 3-3-104　天坛花园大雄宝殿（翁志雄　摄）

图 3-3-105　天坛花园白花尖大庙及前台基（翁志雄　摄）

图 3-3-106 天坛花园四龙船舫写生（陈远宁 写生）

图 3-3-107 天坛花园四龙船舫（蔡海松 摄）

图 3-3-108 天坛花园四龙船舫一角（翁志雄 摄）

四、商业建筑

1. 潮人精神家园：小公园历史文化街区

小公园历史文化街区被当地简称为小公园，是 20 世纪初老汕头经济繁荣的象征，是“百载商埠”的历史见证。小公园独具一格，有全国城市中少有的环形放射状路网结构、布局合理的“四永一升平”等中西合璧的骑楼建筑群，更有很多汕头人“生于斯、长于斯”的共同记忆。对于海内外的汕头人，小公园是一个文化乡愁的符号，它的意义是巨大的，寄托着海内外潮人的乡土认同感，其保育活化也牵动着无数潮人和广大市民的心。

小公园的骑楼和街路，基本仿造法国巴黎的街区样式，呈扇形放射状分布；加上两侧的“四永一升平”旧街坊，东面的旧“盐埕头”、北面的红亭、南面的“汕头港”，至 20 世纪 30 年代形成了具有中西建筑特色的繁华商住区。这些被称为“五脚砌”的骑楼，以外墙的西式窗饰（即窗口上下的花纹灰塑）梁面的浮塑彩画、板下浅浮塑和外廊柱的罗马式柱头为标志，颠覆了五行山墙和木结构的潮汕古民居模式。小公园的每栋建筑都反映了潮汕人下南洋的艰苦奋斗史，弥足珍贵。其中，前身是 1932 年华侨集团集资创办“南生公司”的百货大楼，为中华人民共和国成立前汕头第二高楼，也是老汕头的标志性建筑以及小公园的象征之一。

（1）西堤骑楼群：岭南特征的建筑形式

“暑行不汗身，雨行不濡履”这句俗语，形象且浓缩了“骑楼”这种近代商住合一的建筑特点。据《广州市志》（卷三）所载，“骑楼”是外国券柱廊式建筑形式传入广东后，与当地建筑特点长期融合演化而逐步发展成的一种具有岭南特征的建筑形式。骑楼是整个岭南地区的重要文化符号，见证了中国建筑文化从古代向近代、现代的转型。

中国南方沿海城市的骑楼，分为闽派和粤派。闽派骑楼受当地传统木雕的影响，建筑立面上布满浮雕；粤派骑楼装饰较为简洁，接近欧陆风格。地处中国南方沿海的汕头，是著名侨乡，这里的骑楼介于这两者之间。

汕头骑楼始建于 20 世纪 20 年代，建筑形式显然受到欧陆风格的影响，是在特定地理环境、传统文化以及外来因素等影响下而逐渐形成的一种建筑类型。建造汲取了外廊式建筑许多处理手法，在街道和店铺之间形成一个连续的有遮蔽的交通空间，非常适合本地炎热、多雨、多台风的气候特点。

汕头骑楼的典型代表是位于小公园开埠区的沿街骑楼。小公园开埠区是目前全国 34 个开埠城市中唯一保存较为完整的开埠区。片区里每幢骑楼屋顶上的窗饰甚是讲究，图案以西方古典形式为基础，融合了汕头的地方特色。除了欧陆风格的线条和几个图案之外，还采用了狮、鱼、凤凰、牡丹、百鸟百花等潮汕风格的图案，是古今中外融会贯通的建筑作品。近代岭南建筑代表汕头骑楼，见证了汕头商业文化的繁华。

该片区的骑楼通常为一街二面，大多为 3~4 层，上居下店（下店上寝），门口的过道为行人遮阳避雨，给人居、经商、购物等活动带来很多便利，促进了这里商业贸易的全天候进行。据老商户介绍，在 20 世纪六七十年代，西堤路这些原本多作为货栈、商铺使用的骑楼被当作厂房和员工宿舍，因为地少人多的缘故，便在原 3 层基础上在天台上进行加盖，以增加入住的户数与面积，现在这些加盖建筑几乎人去楼空。因为无人打理，不少建筑的砖石缝中长满杂草藤蔓。

2016 年 7 月，《汕头经济特区小公园开埠区保护条例》公示，确定将西堤路纳入小公园开埠区保护范围，西堤路的骑楼试点修缮工作便被提上日程。以西堤路 31 号至 57 号（单号门牌）的多栋骑楼作为试点建筑开始，在随后的 4 年间，逐步完成对小公园开埠区 7 条街共 4.7 万 m^2 的古建筑群修缮工作。至 2021 年 7 月，西堤历史文化街区和小公园中山纪念亭历史文化街区被列入《第三批广东省历史文化街区名单》，成为汕头历史文化资源保护的美丽注脚。

（2）南生百货：汕头“百载商埠”的浓缩和见证

在小公园开埠区，国平路的 30~42 号已打造成“潮汕文艺人才一条街”大师工作室，安平路 46 号集成发绸缎庄与相邻的安平路 48 号、50 号、52 号建筑合并连通成电影名人史迹馆。其中，位于安平路的“南生公司”可谓汕头“百载商埠”的浓缩和见证。

汕头开埠至 20 世纪二三十年代，汕头商贸繁荣在彼时达到了鼎盛时期。当时因汕头市政建设需要，汕头“旧市场”片区开始被拆建，小公园片区的几幢低矮平房被拆除，新规划的蓝图出炉。印尼侨商李柏桓从南洋集资回汕，筹建了南生公司大楼。

南生贸易大楼于 1932 年建成，整座大楼建筑的内外装饰均请了上海和香港的专业公司承建，其建筑工程之精巧，为汕头埠之冠。南生公司大楼建设十分重视门面装潢，门前招牌“南生公司”四个大字，是重金聘请上海著名书法家、清末武进县翰林唐鮀书写的，润笔大洋 400 元。大楼内部设备是当年粤东地区最豪华的，在一至四楼安装的“汕头第一部电梯”，为汕头埠轰动一时的创举，这部电梯足足使用了 60 年之久。大楼内外每晚灯火辉煌，远望如繁星，璀璨夺目，每层骑楼设铁花架，种植时卉，愈觉清雅宜人。大楼内还开设以“中央”命名的酒楼，使集餐饮、住宿、娱乐于一体的南生公司成为当时粤东最大的商业场所，闻名东南亚。

至 1956 年，南生公司与汕头市国营百货商场合营，遂改称“百货大楼”。大楼平面柱网布置较为灵活，二层外挑，使其下形成半室外的灰空间，并在五层、六层连续后退，即使建筑体量富于变化，也形成了室外阳台。在两个出口处分别升起一个塔楼，塔楼与主体在六层、七层处通过空中走廊连接。主立面开窗形式注重不同楼层的变化，不仅丰富了立面，也给人以丰富的空间感受。立面装饰细腻丰富，带涡卷的爱奥尼柱头、中国古典的花卉图案浮雕等被广泛采用，以展现其中西融合的建筑风格。入口处的弓形挑檐和自由的平面曲线，均体现出强烈的巴洛克式建筑特征。楼内天花板的横梁也雕刻着花卉等浅浮雕，地面采用彩色方形地砖铺贴而成。从二层开始逐层降低标高，五至七层逐层向后退缩，并在大楼四层的前面两端各建一个塔状建筑物，大楼的后墙立面全部采用轻质建材，以减轻整栋大楼的承重。这一设计使得大楼的外立面更具欧陆风格，也让其成为汕头埠首屈一指的标志性建筑。

历经 90 多年的风雨洗礼，大楼依然屹立在小公园中心位置。2017 年末，南生贸易公司大楼立面外观经过精心修缮，换上昔日华丽的新装（图 3-3-109 ~ 图 3-3-118）。

图 3-3-109　小公园南生百货大楼修复前（翁志雄　摄）

图 3-3-110　小公园历史文化街区（佘育楠　摄）

百货大楼

图 3-3-111　小公园西堤骑楼（翁志雄　摄）

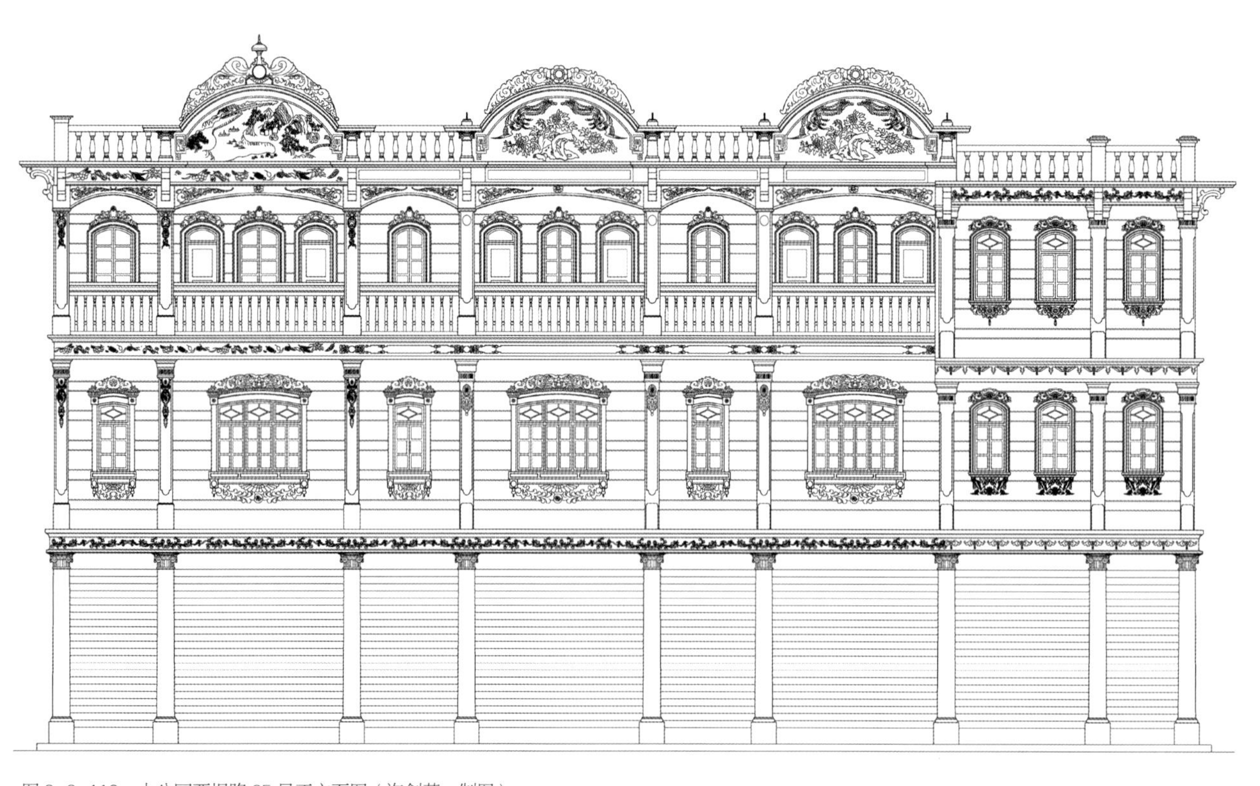

图 3-3-112　小公园西堤路 35 号正立面图（许剑英　制图）

图 3-3-113　小公园西堤路骑楼券廊山墙（翁志雄　摄）

图 3-3-114　小公园西堤路骑楼窗饰（陈钊全　摄）

图 3-3-115　小公园国平路街景（佘育楠　摄）

图 3-3-116　小公园南生百货大楼（陈钊全　摄）

图 3-3-117　小公园南生百货大楼外墙装饰（翁志雄　摄）

图 3-3-118　小公园南生百货大楼窗饰（翁志雄　摄）

2. 红色城市记忆：中共中央至中央苏区秘密交通线汕头交通中站

建筑基本信息：
坐落地点：汕头市金平区海平路 97 号（原海平路 98 号）
始建时间：1930 年
修缮时间：2019 年
建筑面积：约 500m^2
建筑层数：3 层
资源类型：2015 年被列为广东省文物保护单位，2019 年被列为全国重点文物保护单位

史海回眸，由周恩来亲自部署建立的汕头红色交通站，当年每天都在演绎着隐蔽战线上“谍中谍”的无声战斗。从建立到一系列活动的开展，克服了种种困难，护送干部 200 多人，输送物资约 300t，且从未发生事故，为保持红色交通线的安全乃至中国革命事业作出了卓越贡献。时至 2019 年元旦，这处位于汕头市金平区海平路 97 号的“中共中央至中央苏区秘密交通线汕头中站旧址”（后文简称“红色交通中站旧址”）修缮完成，正式对公众开放。

在土地革命战争时期，为了保持中共中央机关与中央苏区（即中央革命根据地）的联络，中共中央交通局于 1930 年秋开辟了一条“上海—香港—汕头—大埔—永定—江西中央苏区”的地下交通线，全程约 3000km。1930—1934 年，中共中央在汕头先后设立了两个秘密交通站。汕头的红色交通中站作为中央红色交通线上的重要枢纽，由周恩来同志亲自部署。1931 年初，当时担任中央内交科科长的顾玉良接到中央特科通知，要他与陈彭年、罗贵昆以客商身份，来汕头建立“华富电料行”，作为地下交通站。陈彭年、顾玉良、罗贵昆初到汕头，就在当年颇有名气的位于怡安街的南京旅店落脚，然后才在海平路建立汕头的第二个秘密交通站——华富电料公司。

另外，在一些曾参加革命的老同志相关回忆录中，还提到汕头万安街的金陵旅社和金台旅社等。当时，汕头的红色交通中站外表是做“生意”的一间电器材料行，通过商场买卖和各种社会关系，把苏区迫切需要的无线电器材、电器、药品、医药器材等，在大箱购买后，托运到大埔再转上杭或峰市，这是汕头的红色交通中站的第一大任务，第二个主要任务是护送过路的中央负责同志。

这个红色交通中站的交通员虽然时时更换，但其一直保持安全畅通，直到红军长征前夕才被撤销。该站因其历时长（1931 年初至 1934 年 10 月红军长征前）、从未被敌人发现、始终保持安全畅通、出色完成任务，从而成为中国共产党在隐蔽战线上的成功典范之一。经考证但不完全统计，从 1930 年到 1934 年 10 月红军长征前，通过汕头的红色交通中站的党员干部有 200 多人，其中许多是当时以及以后重要的党政军领导人（图 3-3-119 ~ 图 3-3-124）。

图 3-3-119 红色交通中站旧址（翁志雄 摄）

图 3-3-120　红色交通中站旧址正立面图（许剑英　制图）

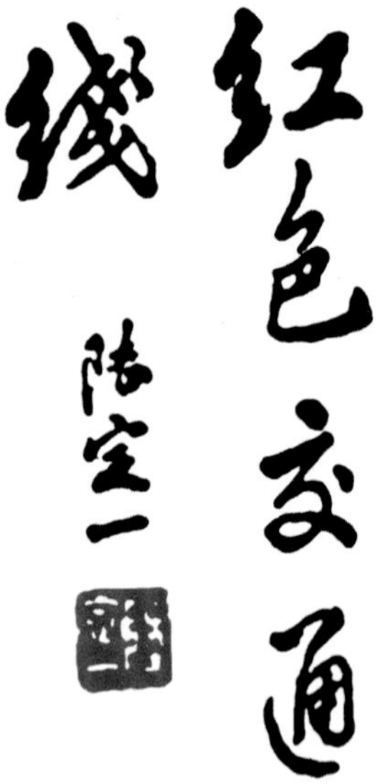

红色交通线

陆定一

图 3-3-121　陆定一于 1982 年题词

图 3-3-122　红色交通中站旧址一楼店面展示（陈钊全　摄）

图 3-3-123　红色交通中站旧址二楼接待厅情景再现（陈钊全　摄）

图 3-3-124　红色交通中站旧址二楼站长办公室展示（陈钊全　摄）

3. 重燃火焰："火焰文学社"通信处旧址

建筑基本信息：
坐落地点：汕头市招商路招商一横巷 1 号
始建时间：1910 年（清宣统二年）
修缮时间：2021 年
占地面积：130.2m^2
建筑面积：304m^2
结构类型：仿巴洛克式钢筋混凝土结构
建筑层数：3 层
资源类型：2022 年被列为汕头市第七批文物保护单位

图 3-3-125 "火焰文学社"通信处旧址正面（陈钊全 摄）

1860 年开埠的汕头，清末及民国时期的报业发达程度在省内仅次于省会城市广州。据研究，汕头先后有近 200 家报社存在。1933 年《汕头指南》中有："汕市之有报纸始于前清末叶。时当地有志之士，咸知启发民智，非借报纸无以广宣传。"其中，就包括在民众思想中点燃反帝反封建火焰的《火焰周刊》。[①]

走在汕头招商路，会被一栋典型的仿巴洛克式洋楼所吸引。洋楼为 3 层钢筋混凝土结构，是极具汕头近现代建筑特色的中西合璧建筑。"火焰文学社"通信处旧址正门面向内街，整体外观并不对称，临招商街一侧的楼体呈半包围状，外部形状自由、内部装饰纹样形式夸张，整体风格色彩丰富多变，追求自由奔放的格调，正与"火焰社"追求民主自由的思想不谋而合。

这栋洋楼原是澄海地方检察厅办公地，后来为"火焰社"通信处。2021 年以来，汕头市加强历史文化街区保护利用，通过"建设一批展馆"强化红色革命遗址保护利用，串珠成链，打造红色革命遗址精品路线。通过深入挖掘南粤"左联"红色文化，重点推进"火焰社"通信处旧址保育活化。汕头"火焰文学社"通信处旧址是全国仅存的"火焰社"通信处，目前已经成为红色革命遗址精品路线上闪亮的一站（图 3-3-125 ~ 图 3-3-132）。

图 3-3-126 "火焰文学社"通信处旧址南立面图（许剑英 制图）

① 谢雪影．汕头指南 [M]．汕头：汕头时事通讯社，1933.

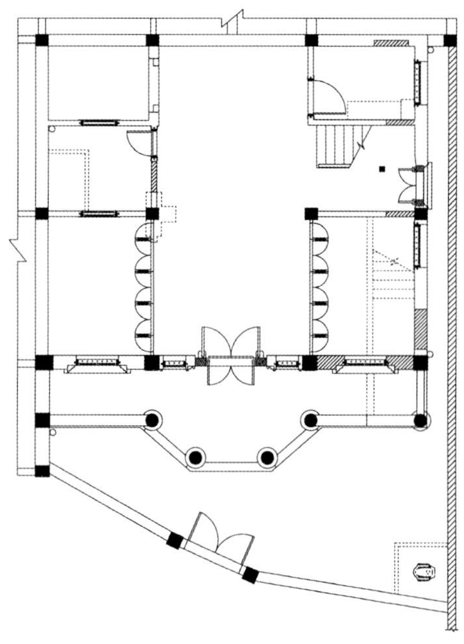

图 3-3-127 “火焰文学社”通信处旧址一层平面图（许剑英 制图）

火焰
（文學週刊）
第弍拾叁號
火焰社出版

图 3-3-128 《火焰》文学社刊头

图 3-3-130 “火焰文学社”通信处旧址三层走廊（游彬升 摄）

图 3-3-131 “火焰文学社”通信处旧址三层走廊门饰（游彬升 摄）

中華民國十五年四月
火焰
第一百零三期
（週刊）

图 3-3-129 1926 年 5 月 14 日的《大岭东日报》副刊“火焰”刊头

图 3-3-132 “火焰文学社”通信处旧址首层门厅（游彬升 摄）

五、公共建筑

1. 潮海关妈屿岛税务司别墅、有眷内班职员夏天住所旧址

建筑基本信息：
坐落地点：汕头市妈屿岛南面山丘
始建时间：1855 年（清咸丰五年）
修缮时间：2021 年
占地面积：320m^2（税务司别墅旧址）、100m^2（有眷内班夏天住所旧址）
结构类型：西洋式砖混结构
建筑层数：1 层
资源类型：1994 年被列为汕头市文物保护单位，2021 年被列入“实施一批文物保护工程”项目之一

“低调”坐落在岛上南面山丘的潮海关妈屿岛税务司别墅旧址，以及与之相距仅 80m 的潮海关妈屿岛有眷内班职员夏天住所旧址，于 1994 年 10 月被列为市级文物保护单位。2021 年 6 月，作为“实施一批文物保护工程”项目之一被启动修缮。

从妈屿到汕头市区和礐石半山，将散落各区的海关历史建筑串珠般联结，便可大致描摹出当年海关职员在汕头埠的活动轨迹。这是研究潮汕地区海关史和汕头开埠史的珍贵材料。

妈屿岛（亦称放鸡岛）位于汕头港正东出海口处，面积只有约 1km^2。岛屿面积小却承载了很多厚重的历史记忆，它曾是商贸据点、海防前哨，是信仰场所、旅游胜地，也是汕头海洋史和妈祖文化的一个缩影。

清咸丰三年（1853 年），汕头与香港之间的贸易发展快速，粤海关在妈屿岛设立海关，清咸丰五年（1855 年）筑起 2 座平房，一座为妈屿税务司别墅，是海关官员生活和办事的地方；另一座是妈屿有眷内班职员夏天住所，供带有家眷的职工居住。因此前在庵埠已设海关，故妈屿则称为“潮州新关”。

清咸丰十年（1860 年），潮州府又在妈屿岛西侧海滨建起一座 2 层洋楼，设立潮海关，为洋税务司所控制。至此，潮州府在妈屿岛上并存 2 个海关，一为中国人管理的潮州新关（当时也被称为“常关”），一为外国人操持的潮海关（称洋关），形成了“一岛并存二关”的格局。为配套 2 个海关，岛上又分别设了 2 个银行，一个是广珍银行，另一个是赤埠（又名赤波）银行，负责办理常税新关的关税。岛上至今仍遗存有赤埠银行旧址的一堵墙和一口大水井。贸易兴盛一时，在这里逗留的外商也逐渐增多。内河运输和海外贸易使得小岛达到繁荣的顶点，称妈屿为汕头“开眼看世界”的源头也不为过。

清同治四年（1865 年），潮海关也从妈屿岛搬迁至居平路新购置的一幢房屋内办公，妈屿岛潮海关改名为潮海关分卡。1885 年潮海关购得妈屿岛上南面一片 1933m^2 的山地，建造了税务司夏天住所基地（税务司别墅）。1922 年 8 月 2 日汕头强台风时，税务司别墅被严重损毁。1924 年，潮海关购下妈屿岛上与税务司别墅基地东北角相连的一片土地，作为有眷内班夏天住所地基，面积为 49390 平方英尺（1 平方英尺 =0.093 平方米，约 4593m^2）。1925 年 3 月 10 日，潮海关税务司呈报总税务司，提案重建妈屿税务司别墅及建设妈屿有眷内班职员别墅；4 月 22 日，总税务司审核同意该提案。

潮海关妈屿岛税务司别墅旧址又被称为税务司夏天住所，始建于清光绪十一年（1885 年），位于妈屿岛南面山丘上，北面与旧炮台和福肯（Fock's）夫人房地产接壤，南、东、西三面与海接壤。1995 年建成的汕头海湾大桥跨妈屿岛而过，这栋建筑恰好处在大桥的桥墩旁东侧。

税务司别墅为单层砖混结构西洋式建筑，分主楼和附楼，占地 320m^2，主座面积 193m^2，配套用房面积 67m^2，内庭院面积 60m^2。别墅整体俯瞰呈倒 T 形，连接处亦有屋檐遮挡，建筑整体被垫高并设排水沟，略略倾斜的屋顶、墙壁上方的透气孔、室内的百叶窗以及花

砖，均体现了西洋建筑风格传入潮汕地区后和当地建筑文化结合的特征（图 3-3-133）。

根据当年的修建图纸，税务司别墅含三房一厅，卧室带套间，中间有备餐室，后面是厨房和佣人房，还设有煤炭储存室，极尽奢华。在别墅前端还留有一方空地，宛若观景平台，可将周边的海湾景色一览无余。在后花园里，几块山石堆垒成一景，意趣盎然。因是夏天住所，为抵御酷暑，建筑细部檐口的装饰托头、装饰线条以及门窗通风、采光、遮阳的做法等，尚保留始建时的元素，有助于对当时建筑工艺的研究，其建筑材料的牢固性与美观性也值得作更深入的科学探讨。建筑四周还种植了柿树、槐树、玉兰树等，一方面可以遮阳，另一方面也起到一定的遮蔽作用；税务司别墅毗邻海边，实有安防需要。如今这些百年老树仍守候在原地，看海湾桥下潮涨潮落，也看这座小岛的沧海桑田。

1922 年 8 月 2 日，一场特大台风席卷潮汕大地，造成数万人死亡的毁灭性灾难，史称“八二风灾”。妈屿岛上的税务司旧址也被这场强台风严重损毁。1994 年，税务司别墅与有眷内班职员夏天住所两栋建筑合并为“潮海关税务司旧址”并被列入市级文物保护单位。但因年久失修，加上受到台风影响和白蚁侵蚀，两栋建筑均出现了不同程度的残损。

在税务司别墅东北侧约 80m 处，是有眷内班夏天职员住所旧址，始建于 1926 年，住所旧址主座面积 168m^2，配套用房面积 50m^2，内庭院面积 100m^2。建

图 3-3-133　税务司别墅旧址（陈钊全　摄）

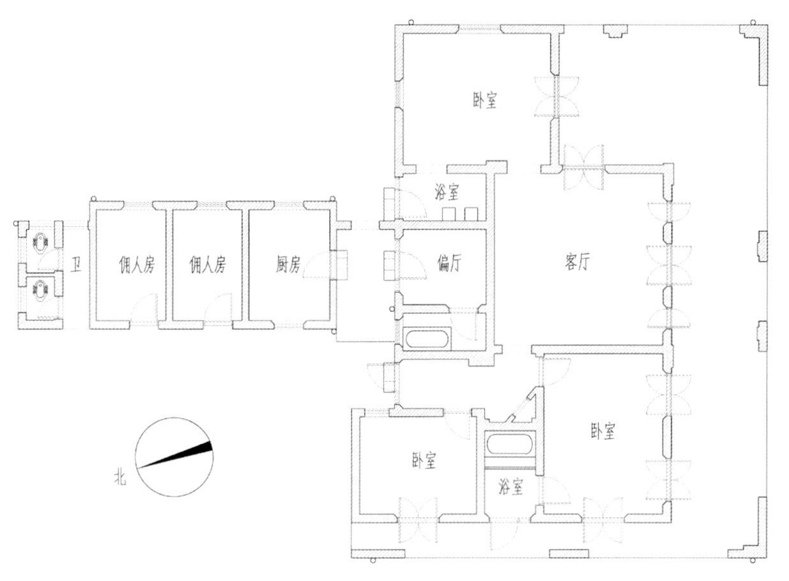

图 3-3-134　税务司别墅旧址一层平面图（许剑英　制图）

图 3-3-135　税务司别墅主座南望海湾（陈钊全　摄）

筑坐北朝南，北面与山顶接壤，东面为通道，将住所和当年的洋人墓地分隔开来。同样含主楼、附楼以及内庭院。与税务司别墅相似，其建筑风格从布局的合理性和舒适性、建筑立面的比例匀称、表面材质协调对比、细部雕饰的精雕细刻，到门窗样式的协调匀称、精巧美观，无不渗透着其较高的艺术美学和典型西洋建筑的特征（图 3-3-134 ~ 图 3-3-144）。

图 3-3-136　税务司别墅主座大门入口（陈钊全　摄）

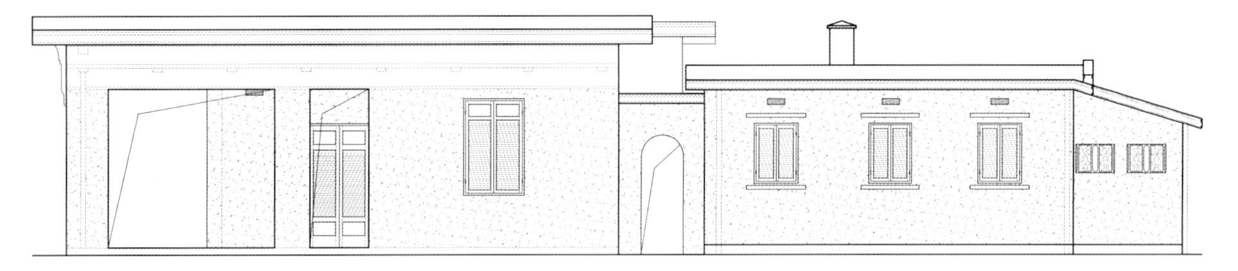

图 3-3-137　税务司别墅旧址东立面图（许剑英　制图）

图 3-3-138　税务司别墅主座房门（陈钊全　摄）

图 3-3-139　税务司别墅主座内部空间（陈钊全　摄）

图 3-3-140　税务司别墅主座屋檐角（陈钊全　摄）

图 3-3-141　税务司别墅附座及其庭院（陈钊全　摄）

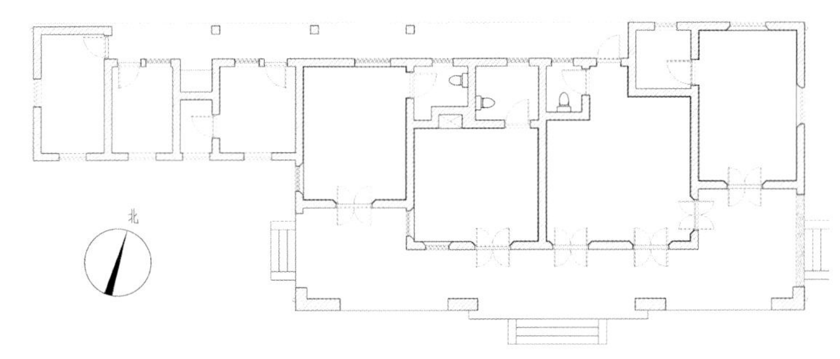

图 3-3-142 有眷内班职员夏天住所旧址一层平面图（许剑英 制图）

图 3-3-143 有眷内班职员夏天住所旧址南立面图（许剑英 制图）

图 3-3-144 有眷内班职员夏天住所旧址别墅景观（陈钊全 摄）

2. 见证南澳闽粤分治历史：南澳总兵府

建筑基本信息：
坐落地点：汕头市南澳县深澳镇大衙口
始建时间：1576 年（明万历四年）
修建时间：1983 年
重建时间：1999—2003 年
结构类型：钢筋混凝土框架结构

自唐以来，潮汕大地凭借地缘优势成为海上商贸门户。明朝以来，潮州府南澳岛是东南沿海一带通商的必经泊点和中转站，有着全国唯一的海岛总兵府。“南澳总兵府”始建于明万历四年（1576 年），至今受 400 多年历史、自然风化以及大地震等的洗礼，历经增建、修缮、重修以及原址重建。

（1）何谓“总兵府”

总兵府是明清时代的称呼，是南澳总兵的衙署。南澳总兵府位于汕头市南澳县深澳镇大衙口。它始建于明代万历四年（1576 年），后受大地震破坏，经重新复建成为南澳岛一处知名景点。

南澳岛左控悬钟港，右辖海门所，为漳州、潮州门户，扼海防要塞。由于南澳岛地处东南沿海要冲，介于粤东与闽南之间，是军事要地，封建统治者怕这里拥兵自重，所以将一个小小海岛由广东和福建共管，中间以雄镇关作为分界线。

明清时海禁严格，朝廷限制越厉害，民间走私活动越猖獗。加上外有倭寇的侵扰，内有海盗盘踞，朝廷派驻的士兵越来越多，南澳的规格也逐步升级，最后成为管制闽粤台的重要军事基地。

（2）见证南澳闽粤分治历史

明清两朝，为抵御倭夷侵扰，打击海寇劫掠，1575 年，明朝特设立“闽粤南澳镇”。“镇”是明清军队建制单位，南澳总兵是正二品大员，负责闽粤交界海面军务。康熙收复台湾后，南澳总兵分批轮流参与守卫台湾、澎湖、淡水，三年一班，前后历经 300 余年。

明清两朝 300 多年间，有 173 位正、副总兵赴任，自康熙二十四年（1685 年）起，负责福建、广东、台湾、澎湖海防军务，是管制闽粤台的重要军事基地，也成为“台湾是中国不可分割的一部分”的重要历史见证。在总兵府外，有一条俗称闽粤古街的贵丁街，在当时左营官兵为福建派驻，右营官兵为广东派驻，见证了南澳闽粤分治的历史。

南澳总兵府藏有明、清名人的墨宝碑刻、港约、税务碑刻，总兵府右侧院墙上镶嵌着 23 块历代南澳保存的古碑，其中 1 块是中国最早的港务约法，具有重要的历史价值。南澳总兵府还留有鸦片战争期间制造、用于抗英的八千斤、六千斤大炮各一尊，据炮上铭文，是清代道光年间铸造的，至今保存得十分完整。

在南澳岛，除了铁铮铮的史实，至今仍流传着许多历史故事和传说。众多的历史遗迹，在这些故事和传说的映衬下，显得活色生香、源远流长。在总兵府前，有两棵大榕树，左边一棵为“郑成功招兵树”。1662 年民族英雄郑成功在该树下张榜招兵收复台湾。除了“招兵树”，总兵府还有一块“招兵石”，据说当年要举起这块石头的人才能当兵（图 3-3-145 ~ 图 3-3-148）。

图 3-3-145　总兵府前埕（翁志雄　摄）

图 3-3-146　总兵府内庭院（陈钊全　摄）

图 3-3-147　总兵府门面（陈钊全　摄）

图 3-3-148　总兵府帅堂外观（陈钊全　摄）

3. 国家历史文化遗迹风华：越南潮州义安会馆

建筑基本信息：

坐落地点：越南胡志明市第五郡阮豸街 678 号

始建时间：1755 年（清乾隆二十年）

修葺时间：1968 年

修建时间：2009—2014 年

资源类型：1993 年被越南社会主义共和国文化新闻部认证为国家级文化历史遗迹，2013 年被中国民族建筑研究会授予“中国民族优秀建筑”称号

潮商是中国三大商帮之一，潮人的海外移民普遍经商，参与所在地不同层次的经济、经营活动。潮商由于地理环境形成“重贩运”特点，他们在海上经贸与海外移民上有着傲人成绩。也由于前期主要分布在东南亚，对东南亚的经济、社会发展起到了非常大的作用。

潮商的崛起与成就除了得益于工商贸易外，潮人刻苦耐劳、冒险进取和倚重地缘、血缘社团的习性，也是他们成功的重要因素。潮商帮足迹遍天下，而潮州会馆也随之林立于海内外的活动据点，越南胡志明市潮州义安会馆便是其中一座标志性的历史文化建筑。

（1）历史悠久的潮人会馆

越南是潮人移居人数众多的国家之一。有史料记载，自南宋末年以后，不断有成批潮人移居越南。到了清朝，潮人在海外的足迹及其商业贸易活动更加活跃，在明清时期逐步演变发展成为重要商帮之一。

身处异乡，集群以应之。对于海外的潮人而言，由于身处异乡的落寞和激烈的竞争，多数潮人都会集结力量，抱团扶持，形成商业团体，进而兴修会馆，义安会馆正是在这种背景下应运而生。会馆和商帮缘起地缘关系，相辅相成，成为无数潮人在异乡的归属。越南法属时期，义安会馆收留大批从中国沿海一带来越谋生的胞民，帮助他们联络信息，安排工作。后来，部分胞民勤奋克俭，从劳工、小贩做到成功企业家，事业有成便回馈会馆，会馆也因此有了活动经费，会务得以日益扩展，社会慈善工作与公众福利事业也逐步开展。

据考证，当时移居越南与前来经商的广东潮汕人合资创立的会馆，也称“潮州公所”。本着“取自社会、回馈社会”的宗旨，会馆的主要活动是聚集乡亲、敦睦乡谊、团结互助、共谋发展。同时也发起了创医院、建义祠、兴学办校等活动以应社会之需。

越南胡志明市潮州义安会馆坐落于第五郡阮街六七八号，其始建年份可追溯至清乾隆年间，距今有200多年历史。虽然年代久远，且经过多次重修，但其中大部分文物、神像、匾额、对联等都保存良好，尽量维持原貌。会馆作为潮人乡亲乡谊、互助发展的“氏族聚集之地”是毋庸置疑的。

（2）古色古香的潮式庙宇

义安会馆是一座典型潮汕传统建筑形式的庙堂。三厅二院两厢房潮汕式石木结构建筑。占地面积 1526m²，其中前埕 741m²、庙堂 785m²。庙内祭祀关帝、周仓、关平、赤兔马和马头将军神像，还供奉天后、福德正神、文昌帝君（图3-3-149～图3-3-153）。

会馆整体采用中国传统的对称式构建，恢宏大气，雕梁画栋、红墙黄瓦，庄严而华丽。历经百年而不衰，透出几许岁月历练的厚重底蕴，极大程度地保留了建筑风貌。工字形布局的合理运用，体现了会馆“和”与“忠”的潮人传统。

会馆内的匾额是这座古迹的其中一绝，有对关公褒奖的“千古一人”“丹心贯日”和“我武惟扬”“中外禔福”“海国咸孚”“佑我邦族”等多重匾额。其中，正座大门两侧有“义胆忠心常昭帝座，安民阜物咸仰慈帆”之藏头诗式对联，意为“义安”。两旁横屋的巷门上，各挂着一块木匾，分别写着“潮帮公所”和“客家公所”。

会馆久经岁月风雨，经过大小修葺至今仍保持着当年的建筑风貌。庙中大部分文物、神像、匾额都得

图 3-3-149 义安会馆牌楼大门（陈欣 摄）

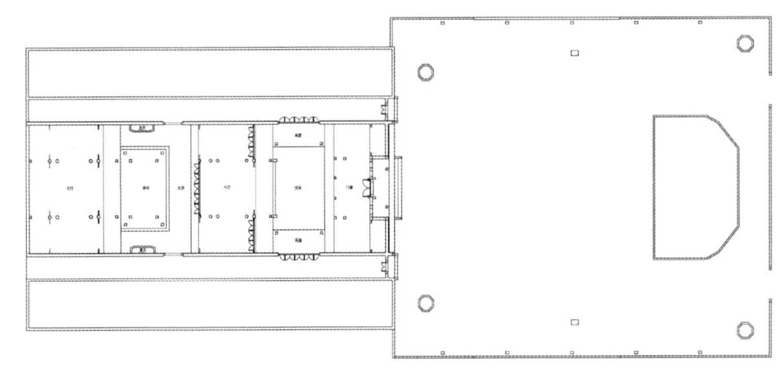

图 3-3-150 义安会馆总平面图（许剑英 制图）

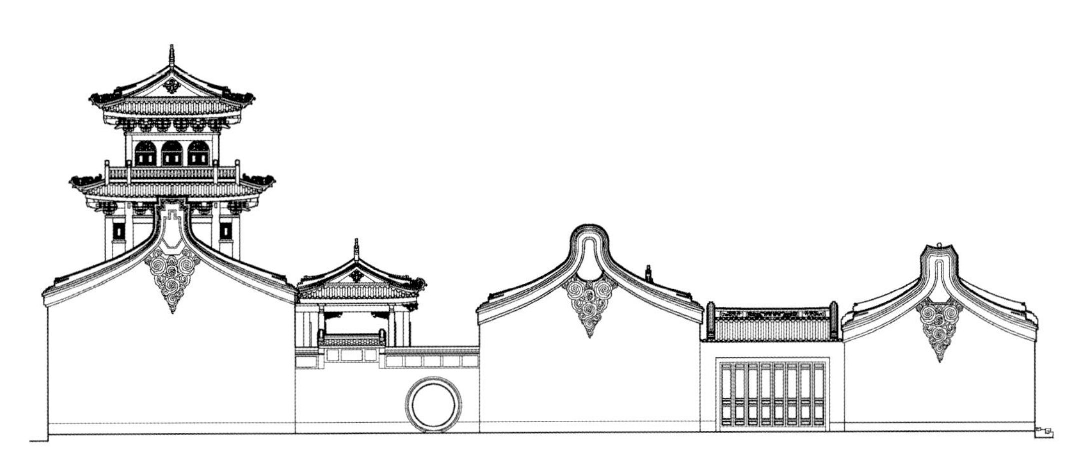

图 3-3-151 义安会馆侧立面图（许剑英 制图）

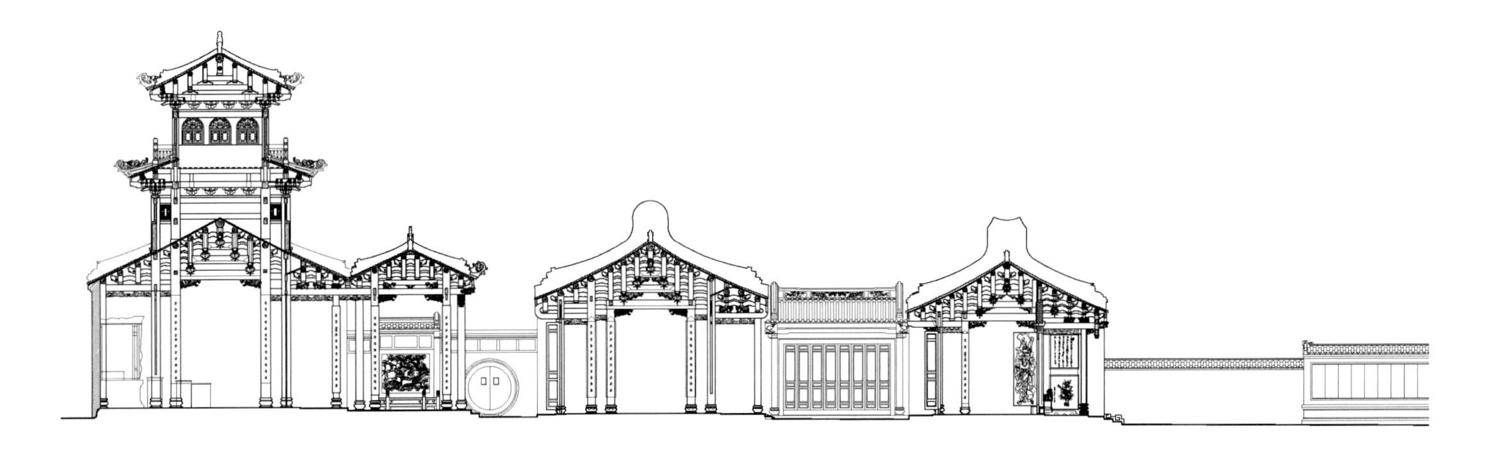

图 3-3-152 义安会馆纵剖面图（许剑英 制图）

图 3-3-153　义安会馆正立面图（许剑英　制图）

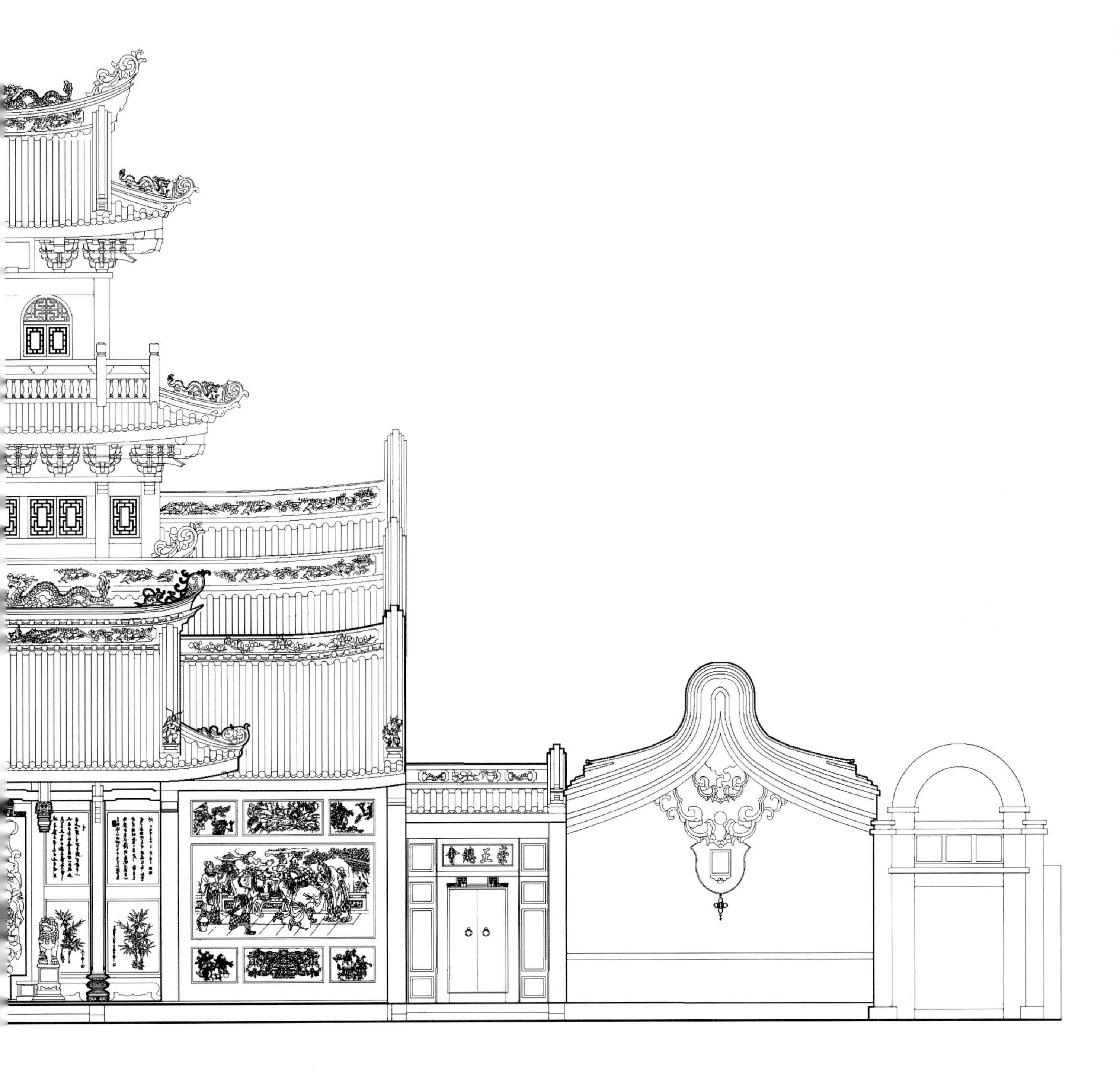

到较好保护，屋檐以飞鸟珍兽嵌瓷装饰。每年农历正月十五，庙里都会准备橘子、利是等让善信们来借，而借富的善信们不分民族、帮派，关帝庙也因此被称为“借富庙”。1993年，义安会馆被越南政府文化部认证为国家级“文化历史遗迹”。

此外，这里还是当地潮汕人逢年过节的聚集首选之地。庙前广场都会搭建戏棚演戏，可容纳近千名观众观赏，场面非常热闹。按当地习俗，善信们在参拜上香之余，还喜欢钻过马腹，希望可以驱除噩运，迎接好运；小孩则可快点长大，聪明伶俐（图3-3-154～图3-3-156）。

图3-3-154　义安会馆门面（陈欣　摄）

图3-3-155　义安会馆中厅（陈欣　摄）

图3-3-156　义安会馆拜亭匾额与木雕梁架（陈欣　摄）

六、岭南园林

只为西园也合来：潮阳西园

建筑基本信息：
坐落地点：汕头市潮阳区西城环路 68 号
始建时间：1898 年（清光绪二十四年）
竣工时间：1909 年（清宣统元年）
重修时间：1983 年
修缮时间：2021 年
占地面积：$1330m^2$
资源类型：2019 年被列为广东省文物保护单位

“只为西园也合来”是爱国名士丘逢甲写的关于潮阳西园的诗句。西园精湛卓绝的建筑艺术和百年广传的文化佳话，使这座常年铁门深锁的私家园林，平添了几分神秘的人文色彩。

（1）缘来

西园，原位于潮阳古城之西，因其大门面西而得名“西园”。西园地势呈南高北低，土质以黄土为主。西园始建于清光绪二十四年（1898 年），历时 15 年竣工，占地面积 $1330m^2$。由邑人萧钦创建，清代岭南著名建筑师萧眉仙设计。

在造园技艺方面，西园继承了岭南传统庭园的精髓，又对西方园林的形式美学有相当程度的模仿，它将中原、岭南、江浙以及西方的园林艺术融为一体，并运用了近代新材料、新技术大胆创新。其独特的空间布局、中西合璧的筑园手法以及先进的技术手段，使西园在岭南近代园林发展史中占有相当重要的地位，并因此成为粤东乃至岭南近代著名私园，其创作思路和艺术风格至今仍值得借鉴和吸收。

1908 年，西园模型被送往北京参加全国博览会获得金奖，慈禧太后参观后称其为“岭南园林一绝”。自此西园名声大噪，跻身为广东十大园林之一。

（2）构筑

西园地块呈不规则梯形，西侧为长边，西对街道开门。其平面采用中庭“左宅右园”的处理手法，与传统园林布局完全不同，三组建筑各自独立，又相互连贯。

西园中庭面积约占全园 1/3，开阔疏朗。临街开门三间，采用潮汕传统门房式，前有凹门廊，后有宽敞门厅，适应岭南多雨气候，然而门房造型却为西洋平顶柱廊式。中庭的后部为曲池（池现已被填平），池端置扁六角重檐井亭，与门房相对，形成轴线。亭与右园有曲桥相通，与左宅有阴廊相接。

住宅南北朝向，面向中庭，平面基本上是潮汕民居的五间加边房式，但吸收了西式建筑的布局格式。建筑取消内天井，代之以内廊洋楼式，楼前两侧加设客房（已被拆），中西结合，因地制宜，相互交错，巧妙经营。其中，北端住宅平面保存着潮汕民居的基本特点，但采用了西洋中廊和边梯手法，并于入口处加设三间西洋式别墅常见的开敞式柱式外廊。

建筑上盖四坡洋式屋顶，集中排水，中西结合，自然合理。而南端书斋平面则用潮汕传统园林厅堂外廊式，立面以中国楼阁为主调，屋顶挑垂柱琉璃瓦檐，墙面设玲珑通透的有色玻璃扇窗，间有西式拱窗楣和宝瓶琉璃栏杆，中西样式融为一体，风格别有品位，反映了园主对本土建筑文化的本位尊崇和在中西建筑文化相互碰撞下的心理取向。在中西文化交流对话中，选择了统一调和、博采众长、为我所用的积极策略。

当人们进入西园的园林景观区域时，一眼看到全园分为泥木结构二层书房楼、房山山房、假山三部分。其中，最具特色者当数园林中的假山，它是用形状各异的石块砌成，设置有水晶宫、蕉榻、小广寒、云水洞、潭影、桔隐、拱桥等景致，进入假山，犹如到了人间仙境，曲径通幽，“辟峰”似浪，“峰”下碧波荡漾，鱼游浅底，令人心旷神怡。

值得一提的是，题词“蕉榻”者夏同龢，是中国第一个以状元身份留学的人。主持设计营构假山的艺匠是园主宗人萧眉仙。假山耗银 38 万余两，其体量可谓岭南之最。假山依隘逼之地，陡峭掇石成起伏山峦，拱抱曲尺形山房建筑，中隔修长水池，山回水转，飞瀑流泉，池中变化万千，实为佳构。山体外部虽然体积庞大，但内部却通透空灵，既节约石材，又充分体现了中国园林“芥子纳须弥”、小中见大的造园思想。

山中有洞、有穴、有岩，素影深幽；山外有径、有磴、有路、有桥、有矶，四通八达；可观、可游、可攀、可穿、可憩，形成洞府幽邃、错综迷离、回环转折的三维境界。石壁虽然悬崖高耸、山势夸张，但假山倒映在池洞水面，毫无挤逼之感。

在西园石山的营构中，传统中式假山体与西洋建筑有机结合，这是中国造园史上的创举。游人过石桥，可见一石柱旋梯直立，柱径盈尺，高约三丈，沿石柱为轴，挑出旋梯，梯宽仅容一人通过，石壁旁题“螺径”。拾级而上，见一石峰，当地名人林伯虔题名“耸翠”，从旁即可旋入近代西洋式的圆形玻璃光亭。玻璃光亭为圆顶，盖顶用木支架贴托玻璃采光，圆亭外壁采用大面积木格玻璃窗，亭内设石几、石桌、石栏，坐憩可仰观浮云蓝天，向外可视对面山房景色。圆亭是全园至高处，亦是假山构图中心及交通枢纽（图 3-3-157 ~ 图 3-3-171）。

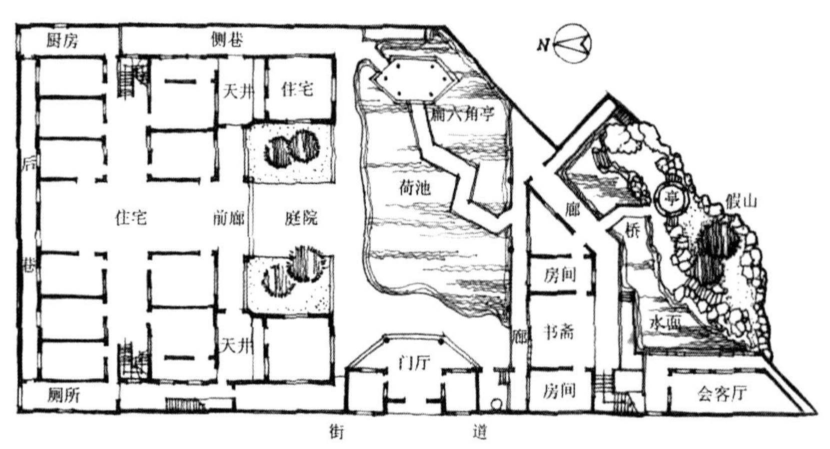

图 3-3-157　西园总平面图（许剑英　制图）

图 3-3-158　西园大门（陈钊全　摄）

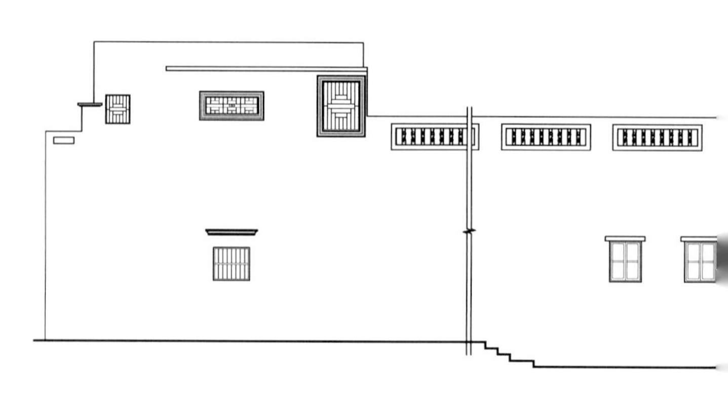
图 3-3-159　西园西侧立面图（许剑英　制图）

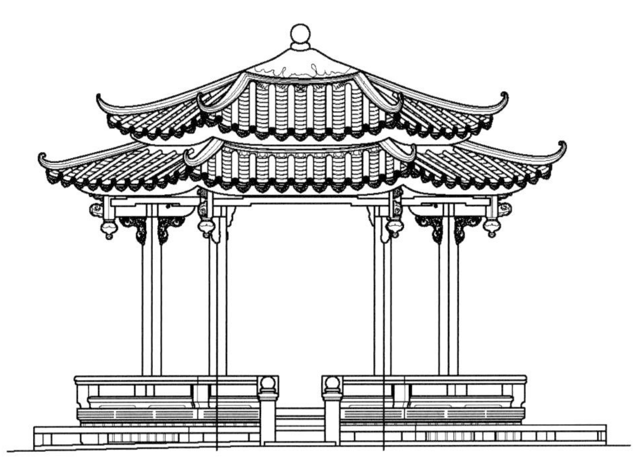

图 3-3-160　西园凉亭立面图（许剑英　制图）

图 3-3-161　西园扁六角亭（陈钊全　摄）

图 3-3-162　西园扁六角亭藻井（陈钊全　摄）

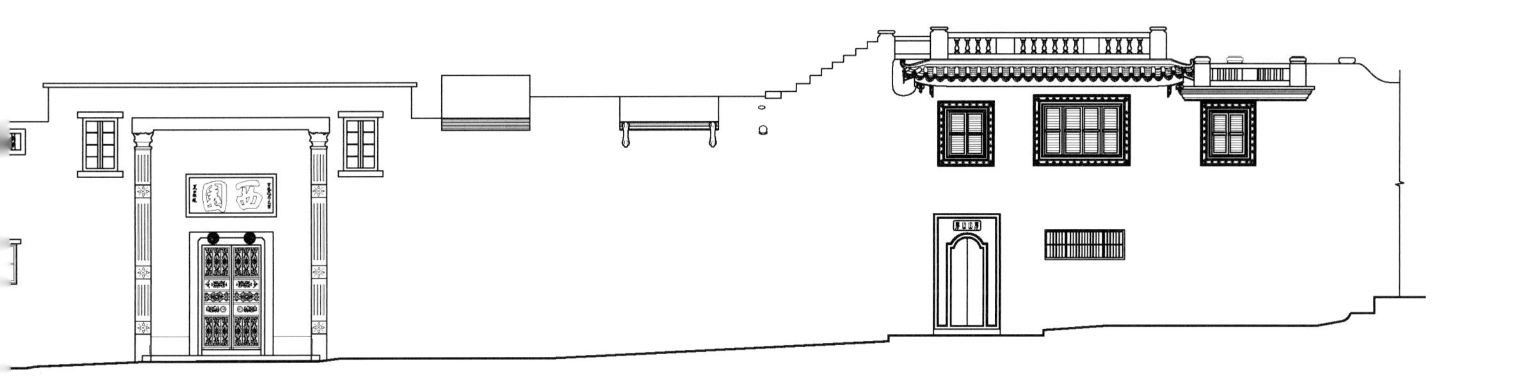

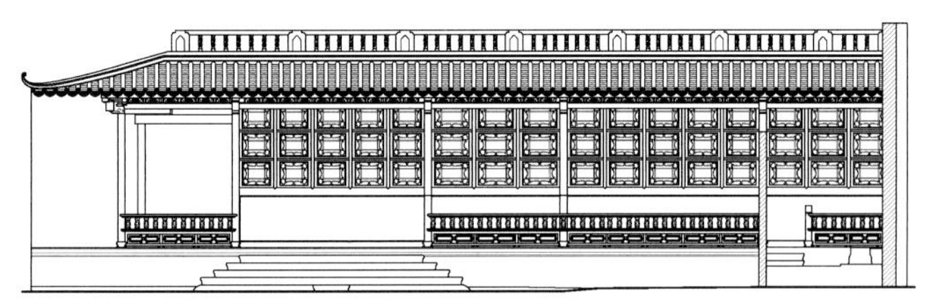

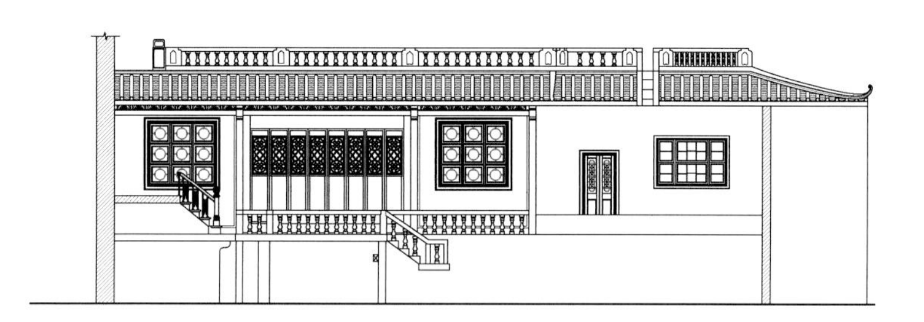

图 3-3-163　西园花厅北立面图（许剑英　制图）

图 3-3-164　西园花厅前廊（陈钊全　摄）

图 3-3-166　西园圆亭阁（陈钊全　摄）

图 3-3-167　西园扬威楼悬空石梯（陈钊全　摄）

图 3-3-165　西园花厅及园林（陈钊全　摄）

图 3-3-168　西园房山山房望花厅（陈钊全　摄）

图 3-3-169 西园扬威楼立面图（许剑英 制图）

图 3-3-170 西园假山圆窗望房山山房（陈钊全 摄）

图 3-3-171 西园房山山房屋顶（陈钊全 摄）

七、古城城墙

1. 袖珍古城　海防古迹：达濠古城

古城基本信息：
坐落地点：汕头市濠江区竹园东街
始建时间：1717 年（康熙五十六年）
重修时间：1982 年
修缮时间：2017 年
占地面积：14000m²
资源类型：1998 年被列为汕头市文物保护单位，2005 年被评为汕头市爱国主义教育基地，2010 年被列为广东省文物保护单位

不同于西安古城、平遥古城等历史悠久的古城，汕头达濠古城是个低调的存在。它历史底蕴丰厚，却因占地面积极小、现代开发有限等原因，成了一个被忽视和低估了的全国唯一保存最完好的袖珍古城。

达濠古城有多袖珍？它小到可用一般丈量区域面积的度量单位来表述，只有 14000m²，相当于一个半大的标准足球场，外围城墙加起来周长也不过 400 多米，慢悠悠地走完一圈只需十几分钟。实际上，这座隐于闹市之中的达濠古城，并不是一般城池的概念，而是达濠地方军事、政治中心的象征。

达濠古城建成于清康熙五十六年（1717 年）。在建造之时，南面紧挨濠江，北面已存在密集民居，所能利用的空间很有限。古城呈不规则长方形，城墙高 5.3m，厚 1.35m，周长 429m。达濠古城墙于 2010 年被列为第六批广东省文物保护单位。其外观风格与长城相似，一高一低齿形，低处为军事瞭望和防卫口，墙顶还设有城堞。城墙下半部用石块垒砌，上半部则用贝灰、粗砂和黏土夯筑，至今还能看见墙体嵌杂着一些贝壳类的东西，这是在沿海地区才能看见的特殊建筑材料与建筑风格。当时，沿海地区缺乏建筑必要的石灰石原料，于是人们就地取材，利用贝壳煅烧成贝灰，代替石灰石，与沙土混合在一起夯实而成。大到城墙桥梁，小至民居沟渠，贝灰一直是沿海地区常见的传统建筑材料。

古城设有东、西两个城门，分别为达善门（东门）和西濠门（西门），均为高 3m、宽 4.5m、厚 4.3m 的石拱门。两门之间曾由一条长约百米、宽 3m 的熙攘小路相通，是小城内的唯一街道，站在东西任意一个城门，便可以清楚地望到另一个，达濠古城的袖珍在此得以体现。

城内西面设“水师左营守备府”，东面设“招宁司巡检署”，城北则设“招收盐场”，东、西、北三个机构以品字形布局，满足了政治、军事、经济管理的需要。一旦发现城外有敌情，就从这里派兵支援，与沿达濠岛一圈险要处所建的十几个炮台、汛营、兵营互相呼应，构建成一个立体的防御体系。

民国初期，“招宁司巡检署”改为“达濠警察所”。1928 年，建陈氏宗祠于城内，后开办为“盛德”小学。城中有居民几十户，多是清代来濠小官吏的后裔。原本两个城门上还筑有城楼和炮台，向外是布满枪眼的高墙，对内是重檐三开间大厅。

城的四个角都筑有瞭望平台，其中东南角平台最大，面积 200 多平方米。可惜因 1939 年日军侵占达濠，这些在战乱炮火中都被毁于一旦，日军将城内居民尽数逐出城外，并拆毁民房，使其成为一座空城。幸好，历经 300 多年风雨的达濠古城，至今依然保存较为完好，屹立不倒，在大地上平凡而坚强地存在，无声诉说古城里的人世浮沉和过往的兴亡晨昏。

这座饱受风雨侵蚀和战火摧毁的袖珍古城，仍然坚强屹立在达濠岛这块积淀丰厚的土地上，等待人们发现它的往日传奇，重新焕发生机。1982 年改革开放后，达濠镇人民政府拨款重修，把残存几段破败不堪的旧城墙、城垛、城楼按原貌修筑。1988 年，达濠古城被汕头市人民政府公布为第一批市级文物保护单位；2005 年，被汕头市委、市政府评定为爱国主义教育基地；2010 年 5 月，被公布为第六批广东省文物保护单位，成为汕头市一处重要的海防古迹，更是濠江的重要历史文化地标（图 3-3-172～图 3-3-177）。

图 3-3-172　清光绪甲申年的达濠城图（《潮阳县志》）

图 3-3-173　达濠古城达善门（陈钊全　摄）

图 3-3-174　达濠古城外城墙旧景（陈臣哲　摄）

图 3-3-175　修复后的达濠古城俯视图（姚艺婷　摄）

图 3-3-176　达濠古城西濠门（陈钊全　摄）

图 3-3-177　达濠古城眺望楼（陈钊全　摄）

潮汕古建筑营造

第四章　潮汕古建筑的选址布局与设计构思

第一节　堪舆与规划设计

第二节　设计与营造

安民

堪舆与规划设计

第一节

一、聚落选址

潮汕地区乡村聚落，在选址方面注重山脉、水流、地势的位置和走向，即讲究风水。通常按照负阴抱阳、依山面水的基本原则或布局模式，运用八卦和阴阳五行等风水理论进行筹划，即审“势”观“气”。人们通常认为，当一处聚落按照坐北朝南方位评价其周边自然环境时，左有流水、右有道路、前有池塘、后有山丘，就符合由左青龙、右白虎、前朱雀、后玄武环抱庇护的风水宝地。

由于潮汕地区江河众多，水网密布，祖先们基于生命安全和生活保障等物质需求，就渐渐形成了亲水而居的情结和理念，即要求近水、近田、近交通，数者兼备更是理想；若自然条件不够理想甚至存在亏缺，人们就会通过挖池塘、引溪流，做成“风水池”以符合“理想模式”。许多大型乡村聚落都分布在江河沿岸、中小型村落也基本分布在溪流与池塘边侧，均为该情结和理念的反映与传承。

除了上述物质与精神层面基本要素的水体之外，在潮汕地区乡村的村口、路旁、溪边、池岸、广场等位置，常常种植榕树，传承着村村必种榕树的传统习俗和文化。榕树的习性是树冠阔大、枝叶茂密，下垂摇摆并可入地的须根被寄托或象征为人们落叶归根的愿望，也是奋发向上、顽强拼搏的精神写照。榕树顽强的生命力为人尊崇，人们因此称之为“神树”“风水树”，也因此形成了尊榕、崇榕、亲榕、爱榕的乡土情结。一般将村前、厝前所种的榕树称为前榕，村后、厝后所种的翠竹称为后竹，即人们常称的“前榕后竹”。之所以如此布局，是因为当地人将榕树俗称为“神树”，潮汕话与“成就”谐音；竹与“足”近音，后竹与“富足”谐音，这是从乡村到城镇潮汕人世代相传的祈望吉祥的传统习俗，若能居于物理性的前榕后竹环境，则有集成就和富足于一身的象征意义。

在中国传统村落等聚居区，血缘会成为维系乡土社会的重要纽带，在潮汕地区传统村落中亦如此。这种礼制表现在乡村聚落布局中，通常是以宗祠为中心形成聚族而居的形式和特点，以突出宗祠地位和血缘规模。宗祠与其他居住建筑等设施的布局，主要有如下几种关系：一是以宗祠为中心向周围发散，二是将宗祠置于村落的最高处以示尊崇，三是把宗祠规划在道路交通枢纽，四是分别以宗祠和分房祠为中心形成组团布局。

以宗族祠堂为中心，周围有“下山虎”“四点金”等基本单元建筑，村前有溪流或池塘及其之前的阳埕，通过巷道组织村内交通，因而使整个村落布局规整、中心突出。在此总体布局之下，各点状外观比较封闭的宅院单元，通过毗连组合和巷道串联，形成秩序井然、通行方便的村落建筑群。这种布局特点历经时代变迁而基本保持不变，不但是潮汕地区传统建筑布局和特色建筑文化的传承，也是潮汕地区人文精神在宗族关系、邻里亲情等方面的物化体现。

二、民居选址

一个地区的传统民居无疑是本地传统建筑营造技艺的缩影。潮汕人自古至今不断发展完善和传承积累，已逐渐形成了一套营造制度。其中除了物质性的建筑材料和工具物件外，还有建筑选址、建造技艺等非物质文化，以及建筑风水、家人命运等传统观念。风水是对风水学的简称，也叫堪舆；堪即天道，舆即地道，是一种传统文化现象、有关环境与人的学问。

潮汕人建房前，一般会先请风水先生（也称“地理先生”）“相地”“看风水”，即综合考虑阳光、风向、水源、地势、土质等因素，通常会选择背山面阳、水源方便、地势高耸、土质优秀之处作为单个民居乃至整个村落所在地，如此则解决了选址。之后，风水先生根据厝主的要求，确定“厝局”和“分金字向”，即确定建筑的中轴线与门的朝向，并向厝主陈述“分金字向”的利弊。

风水先生在相地时，一般运用罗盘定位，也就是运用罗盘中二十四山取吉方位，这一过程称为“排分金”（图 4-1-2）。二十四山是将圆周 360° 等分为 24 份，每份 15° 称为一山，分别由壬、子、癸、丑、艮、寅、甲、卯、乙、辰、巽、巳、丙、午、丁、未、坤、申、庚、酉、辛、戌、干、亥来表示。在罗盘上，是以卯、午、酉、子分别代表东、南、西、北四个方向；将二十四山分别纳入八卦中，称“纳甲”。具体为坎纳癸、甲、子、辰，震纳庚、亥、卯、未，兑纳丁、巳、酉、丑，离纳壬、寅、午、戌，乾纳甲，坤纳乙，艮纳丙，巽纳辛。“分金字向”是指厝座高低宽窄尺寸要结合吉祥字，以方位“纳甲”法寻出吉祥尺寸，尺白、寸白成为计算公式；同时还要结合主人生辰八字、年份、周围环境综合考虑，选用具体尺寸。

在分金字向择定后，风水先生要负责“看时择日”（择定开工安门、升桁的时间），负责“开门”（即决定门的尺寸规格）、“放水”（即决定水沟走向、水口位置）、定“星头”（即确定厝头用什么星头），最后是负责“人火”（即入宅的各项礼节）。

三、祠堂建筑

潮汕乡土民居建筑中的宗族祠堂有“祠堂十八样”的说法，其实它最基本的也就是两种形式：一种为二落式（二厅一天井），另一种为三落式（三厅二天井）。其中，以三落式最为典型。多数建筑通过这两种基本形式来变化，有的横向发展，增加两边的从厝和火巷，在火巷做过墙亭处理，形成有“四厅相向”的格局，如汕头沟南的“世祜许公祠”。有的纵向发展，在天井增加拜亭。二落式一般在大厅前天井中间增加拜亭，这种形式最为普遍。三落式有的在中厅前，有的在后厅前；有的中厅、后厅都有拜亭，如潮阳峡山的周氏家庙等。拜亭一般刚好处在祠堂的中心位置，它的装饰非常精美、设置也非常讲究。比如立柱，立四柱的多采用四方柱，立八柱的内四柱都会采用四方柱，外四柱就会采用圆柱或八棱柱。内方外圆，方圆相济。

祠堂外部讲究主建筑面前开阔，一般在建筑物前有一外埕，有的还挖有池塘，植有榕树等乔木。根据潮汕气候的特点，厝座一般是坐北朝南。以三落式祠堂为例，“落”即“进”，首进为凹斗门楼和前厅，前厅中间有道进屏门，左右各一房间，称“前库房”，可放置物品亦可住人使用。一进与二进间有天井及左右两边通廊。过了天井便是二进，二进作为中厅，前后各有一组槅扇门，可开可闭也可拆，中厅一般是接待客人和宗族议事的地方。二进与三进中间同样也有天井和通廊，过了二进的天井，就到了三进。三进大厅是祠堂最重要的地方，正中悬挂有堂匾，安置有神龛、香案，供奉列祖列宗的牌位（图 4-1-1～图 4-1-4）。

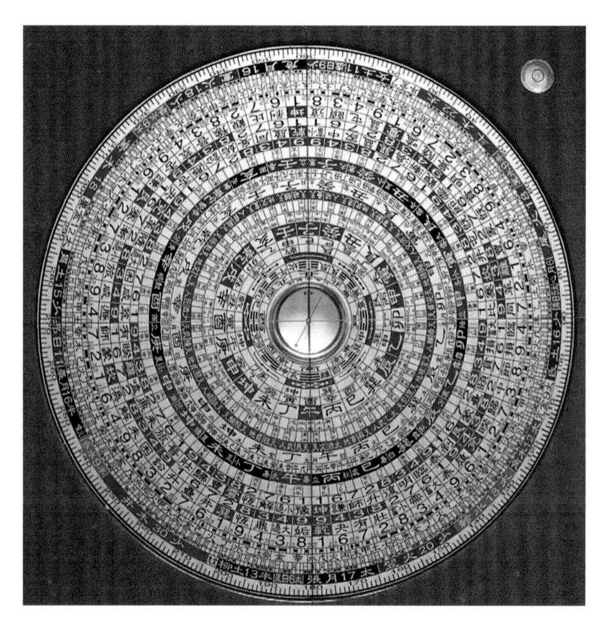
图 4-1-1　罗盘（谢婷　摄）

图 4-1-2 潮汕乡村俯瞰图（王裕生 摄）

图 4-1-3 升梁仪式（张华珠 摄）

图 4-1-4 上栋梁（赖进兴 提供）

第二节 设计与营造

传统建筑的设计与营造一般都由领头木作师傅主持。与一般大木匠不同，领头木作师傅需要决定房子各种构件的样式和尺寸，而木尺、门光尺、篙尺的使用，在领头木作师傅统筹房子设计营造工作中起着决定性的作用。这种设计与营造技艺，在潮汕地区传统建筑营造中同样存在。

一、营造尺度设计

1. 压白与吉星数

（1）木尺的使用

在潮汕地区古建筑营造中，当房屋宽、深、高数字中的尺数或寸数符合木尺的吉星数时，就是吉利（图 4-2-1）。潮汕地区有“尺白有量尺白量，尺白无量寸白量”这句压白择吉的口诀，意思是当尺的数字符合尺白吉数（一、二、六、八、九）时，就采用这个尺数；当尺的数字为凶星数（三、四、五、七）时，就要在尾数寸的数字上采用寸白吉数（一、六、八）来弥补。

（2）门光尺的使用

除了采用木尺进行设计营造外，在潮汕地区古建筑营造中，还有一种尺子叫作“门光尺”（图 4-2-2）。凡造门窗均依此尺法，即门窗见光尺寸除了要“压白”外，还要符合门光尺的吉星数。具体而言，“官”字吉门用于官府大门，“义”字吉门一般用于寺观学舍，

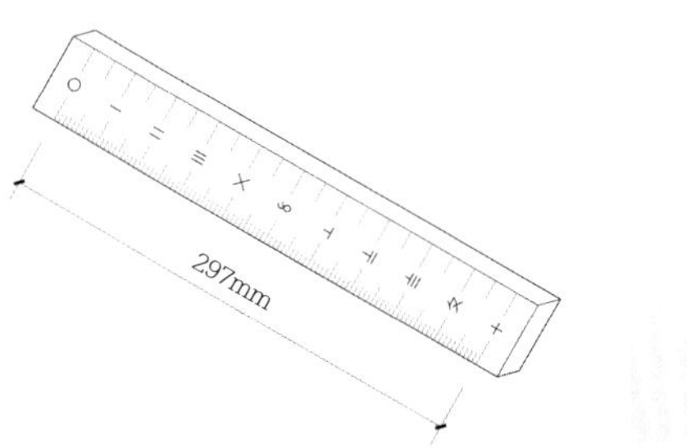

图 4-2-1　木尺（许剑英　制图）

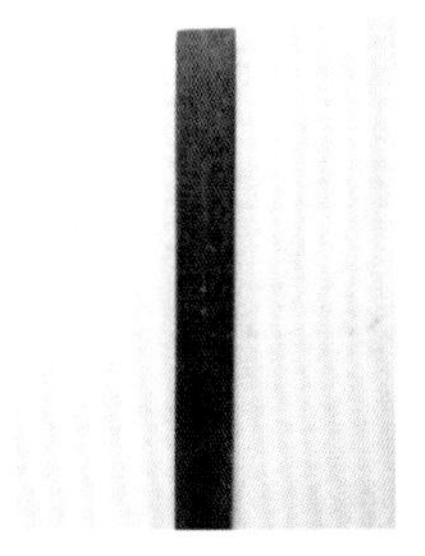

图 4-2-2　门光尺（鲁班尺）（谢婷　摄）

“财”字、“本”字吉门多用于民间宅第。例如，某宅门宽二尺八寸、高七尺二寸，用门光尺验算之，宽高均合“本”字吉星上，另外宽高之尺度又符合“寸白”“尺白”，乃算大吉之门。

2. 建筑构件用篙尺法计算

潮汕地区的古建筑营造工匠，之所以能够建造好一座座牢固、精美、实用的木结构建筑，靠的就是篙尺——一根貌似不起眼的木杆（图 4-2-3）。篙尺在一般民宅营造中的长度为 18.6 尺[①]，在寺观祠堂营造中的长度则超过 2 丈[②]，超过了通常取用方便的一条木杆长度，可用两条木杆接驳使用。

除篙尺外，潮汕地区古建筑营造一般还需要相应图纸。包括建筑布局平面图，即“厝局”，表达建筑功能、平面尺度与形状；还有能够直观表现出整座建筑形象的透视图或鸟瞰图，当地称之为“烫样”。技术好的和有绘图功底的领头木作师傅还会画一张剖面图，也就是“载路图”（侧样），可以把平面与剖面两种关系交代得简明清晰（图 4-2-4、图 4-2-5）。有了适用的篙尺和这些图纸，建筑施工的依据和效果就完备和清楚了，接着就是加工与组合流程。

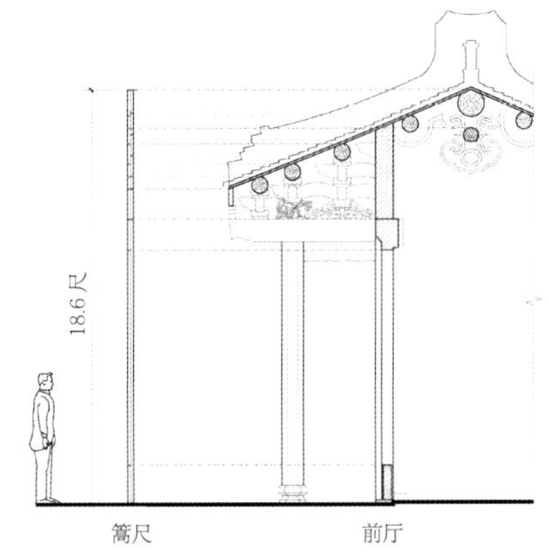

图 4-2-3　篙尺与营造设计（许剑英　制图）

① 尺：长度单位，各代制度不同，现十寸为一尺。换算为法定计量单位，1 尺≈ 33.33cm，1 寸≈ 3.33cm。
② 丈：10 尺 =1 丈≈ 333.3cm。

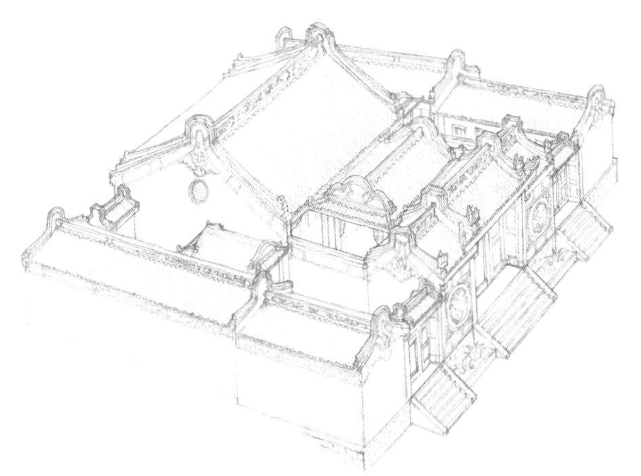

图 4-2-4　潮汕传统建筑透视图（许剑英　制图）

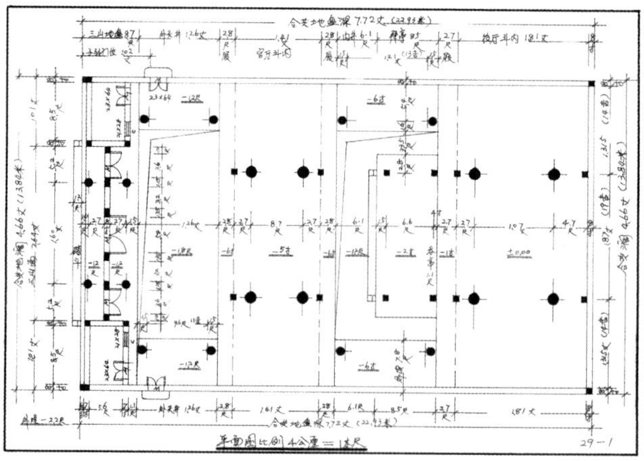

图 4-2-5　布局平面图（许剑英　提供）

潮汕地区木结构古建筑建造的一般流程是：首先由领头木作师傅做好篙尺，并在篙尺的正反两面标上刻度、画上标记图案，并将信息延伸到每面的左右两边。这些专业信息包括立柱的长短，建筑的面宽、进深、室内外高度，脊高、柱高、桁高、檐高等尺寸数字。需要说明的是一座建筑仅用一条篙尺，或者说这条篙尺上的尺寸只用于这座建筑。因此，当木工师傅确定了篙尺以后，房屋的一切尺寸就都在其中了。在加工建造时，木工们根据篙尺上的刻度和标记图案，就能对木材的大小、长短进行取料，加工成型，甚至榫卯孔洞的位置、形状以及大小，也能依据篙尺的标记，在梁柱等构件上进行打凿加工。

二、平面布局

潮汕传统民居的规模设计，是以“间”作为单位的。“间”即开间，有面阔和进深两个纬度。面阔是由吉[①]数决定的，吉在潮汕地区读作“feng”（四声），相邻两趟瓦垄之间的距离就是一吉，一吉一般比一片瓦宽3%~5%（图 4-2-6）。潮汕地区的瓦有大瓦、小瓦之分，一般庙宇府第用大瓦，普通民居用小瓦。当采用大瓦时，一吉是一木尺宽，约 300mm；当采用小瓦时，一吉 250~260mm 宽。

间的吉数是由建筑的布局样式和等级大小决定的，正座明间一般为 15~23 吉，两侧次、稍间则为 10~14 吉；后包厝开间的宽度可以与厅堂宽度相适应，而侧屋、从屋开间的宽度不得超过正屋。这其中还蕴藏着一个特殊的规定，是潮汕地区建房屋，厅堂开间吉数必须是单数（奇数），房间开间吉数必须是双数（偶数）。

房间进深方向的尺度，是根据其使用功能和地位决定的。民居的厅堂一般不用梁架，进深常用桁檩的多少来计算，桁与桁中心距离为 500~800mm，如 13 桁、15 桁、17 桁等，必须是单数（奇数）；规格较高的祠堂、府第则采用梁架，进深按梁、柱的多少而定。但不管是面阔还是进深，具体尺寸都要符合“压白”之制（图 4-2-7）。

在建筑平面布局中，除了厅堂和房间这些封闭与半封闭空间之外，还有能够起到组织联系作用的敞开空间——天井、巷道、阳埕（前埕）。一个院落的中心往往就是天井，院落建筑围绕它布置，这里是建筑物与大自然融会交流的空间。巷道是院落与院落之间联系的纽带，能够把各个院落串联在一起。而阳埕则是院落主人的户外活动空间。在进行天井和阳埕这些空间设计时，潮汕地区古建筑营造师傅也有通风对流的

① 吉，指相邻两趟瓦垄之间的距离，为潮汕地区泥瓦匠人常用术语，后同。参见冷玉龙，韦一心．中华字海 [M]. 北京：中华书局，中国友谊出版公司，1994：1764.

图 4-2-6　面阔与吉数（陈欣　摄）

图 4-2-10　阳埕（前埕）（江校波　摄）

图 4-2-7　进深与桁数（许剑英　摄）

图 4-2-8　天井（许剑英　摄）

特殊构思（图 4-2-8、图 4-2-9）。

其一，阳埕的深宽要合“弓步”数，就是“弓步”数要合单数（奇数），不能用双数（偶数），而每“弓步”为 4.5 木尺，即 1340mm（图 4-2-10）。

其二，“弓步”数不可用到“尽步”，要有“留步”，或者采用“初步”。所谓“尽步”，就是面宽与进深的具体尺寸，不能用“弓步”的整倍数（当地人说“用尽”，即“尽步”），而要比整倍数多一些且不过一半，称为“初步”；或者比整倍数少一些且不过一半，称为“留步”。如果一定要“用尽”时，则采用“虚步”来处理。所谓“虚步”，就是在设计时，要把厅前的踏阶石延长到与天井面宽一致，而“步”就可以改从踏阶石前缘算起。

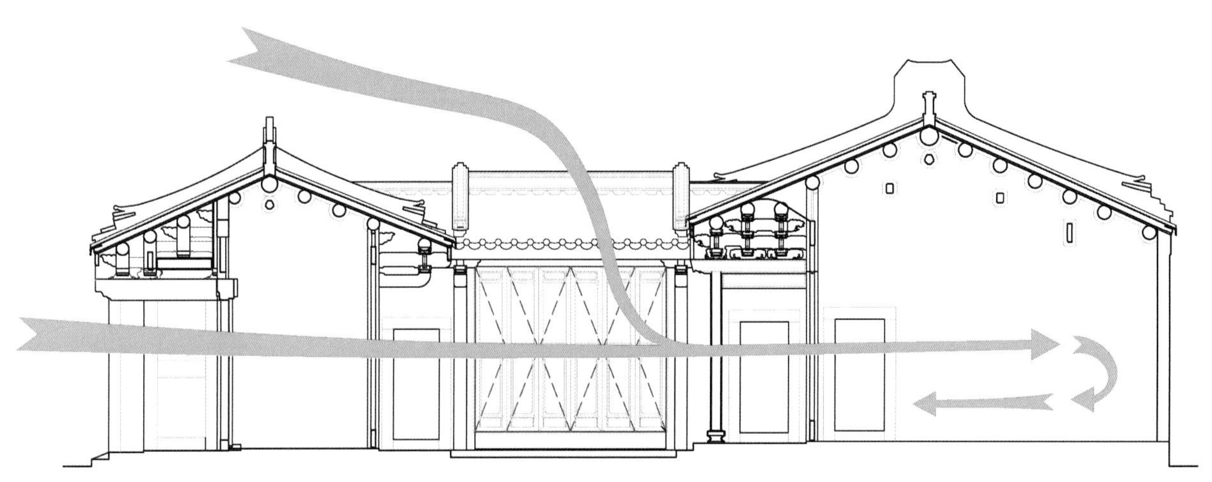
图 4-2-9　天井的通风对流（许剑英　制图）

潮汕地区还有一个规定，即天井进深要与厅堂宽度相适应。如一座 17 吉宽的厅堂，其天井进深为 3 步；21 吉宽的厅堂，其天井进深为 5 步。

在潮汕传统民居设计中，中轴对称、封闭围墙、院落式建筑等布局，都是继承了传统民居布局的手法。但也有自身的一定设计特征，如以厅堂为中心，以天井（小院）为枢纽，以廊道（巷道）为交通联系，把各小院建筑组合起来，就形成了各种民居类型。以民居平面区分，有以下 11 种各具鲜明特色的类型：

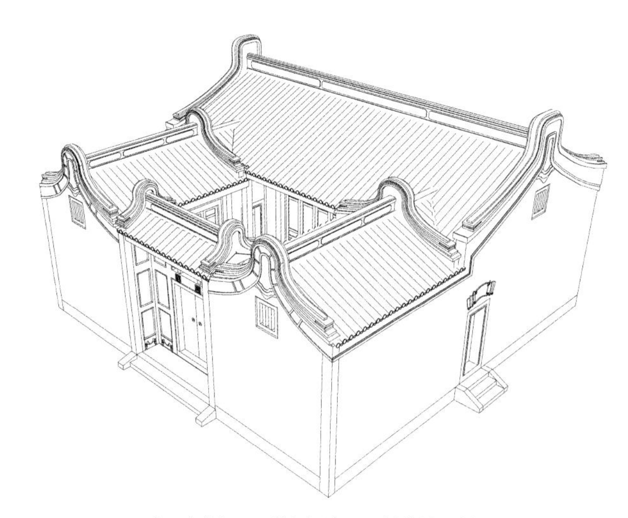

图 4-2-12 “下山虎”民居轴测示意图（林信佑 制图）

（1）“下山虎”

“下山虎”是由一正座、二厝手、一门楼、一天井所组成。这种平面布局在潮汕地区最普遍，类似于北方的三合院（图 4-2-11、图 4-2-12）。正座中间为大厅，左右为主房间，前面为天井，两侧厝手为格仔和从屋；从屋一般作为次房间或厨房食厅、储存间使用，厝手靠后房处为格仔，此处一般开有子孙门（侧门），可通两侧巷道。两厝手前正中夹庭院门楼，与大厅为同一中轴线。“下山虎”的平面尺寸，一般是大厅为 13~15 吉，主房为 10~12 吉，格仔为 7 吉，从屋为 9 吉。大厅前面可以敞开为阔嘴厅，也可安装扇门页成槅扇。槅扇拆装方便，每逢喜庆祭祀节日，拆下后，厅堂形成开放空间，可以满足使用需要。

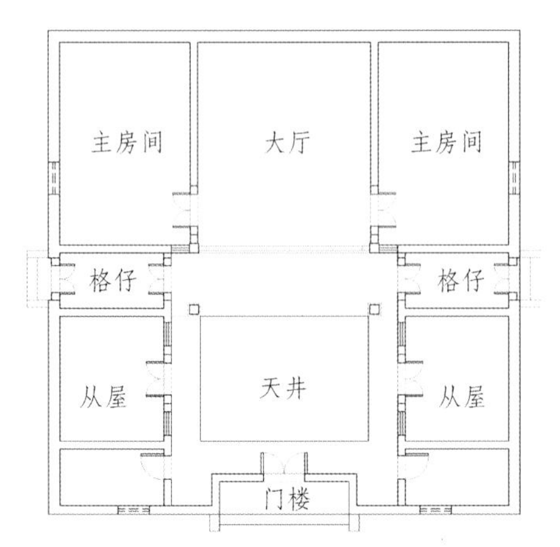

图 4-2-11 “下山虎”民居平面示意图（许剑英 制图）

（2）“四点金”

“四点金”平面布局类似北方的四合院，因四角山墙厝头像四个“金”字而得名（图 4-2-13、图 4-2-14）。“四点金”平面布局为前、后二进，中间为天井，两侧为从厝；后进三开间，中间为大厅，左右为主房间，前进中间为凹肚门楼和前厅，左右为前房；中间为天井，天井两侧为厝手，厝手中间为侧厅（或侧房），作为配套用房；厝手靠前、后房处为格仔（俗称八尺），此处同“下山虎”，一般开有子孙门（侧门）

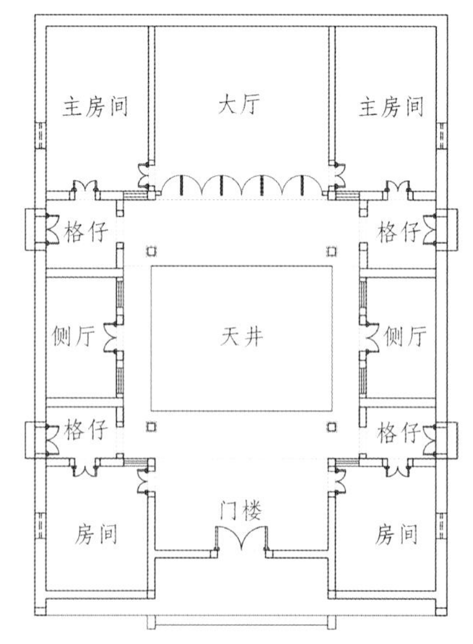

图 4-2-13 “四点金”民居平面示意图（许剑英 制图）

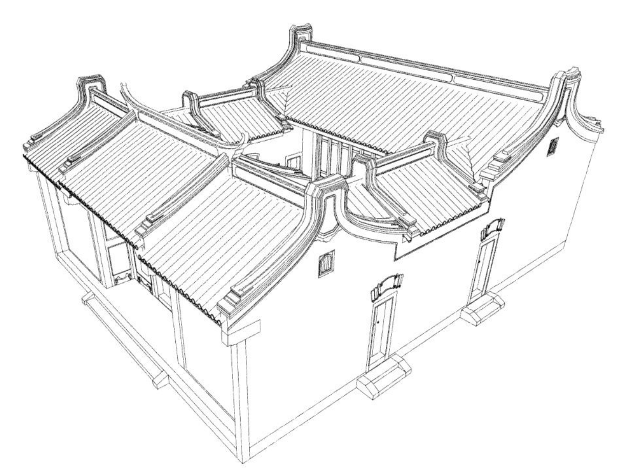
图 4-2-14　“四点金”民居轴测示意图（林信佑　制图）

可通两侧巷道。“四点金”的平面尺寸，一般前后厅为 17~21 吉，前后房为 10~14 吉，侧厅为 11 吉，格仔为 8 吉，建筑面积大多为 260m² 以上。“四点金”的后厅同“下山虎”一样可以做成敞厅，也可安装拆装方便的槅扇。“四点金”在潮汕地区自成一统，也是较典型的平面布局，是老百姓追求的理想住宅。

（3）“驷马拖车”

“驷马拖车”也称“三座落四从厝”，是对四座“四点金”将一座“三座落”拱卫并行的院落群体的简称和拟称，是一种多院落、多天井、规模宏大的院落群体（图 4-2-15、图 4-2-16）。“驷马拖车”由中央一座“三座落”建筑为主体，两侧配以四条从厝（火巷厝）；后来又演进为以“三座落”建筑为中心，左右由四座“四点金”拱卫，一般“三座落”作为祠堂使用，“四点金”作为居住生活用房，这些院落通过纵横巷道（火巷）交织在一起。完整的“驷马拖车”还有其前面的阳埕和照壁、后面的后巷和后包厝以及围墙的闭合作为配套，形成一个封闭的大群落。“驷马拖车”平面规矩方正，以主分金为中轴线，讲究左右对称，是一个功能复杂完善、布置井然有序的潮汕特色建筑群。

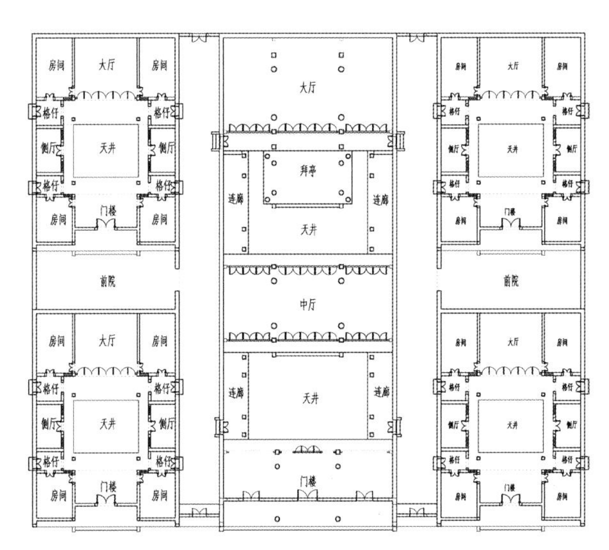

图 4-2-16　“驷马拖车”民居平面示意图（许剑英　制图）

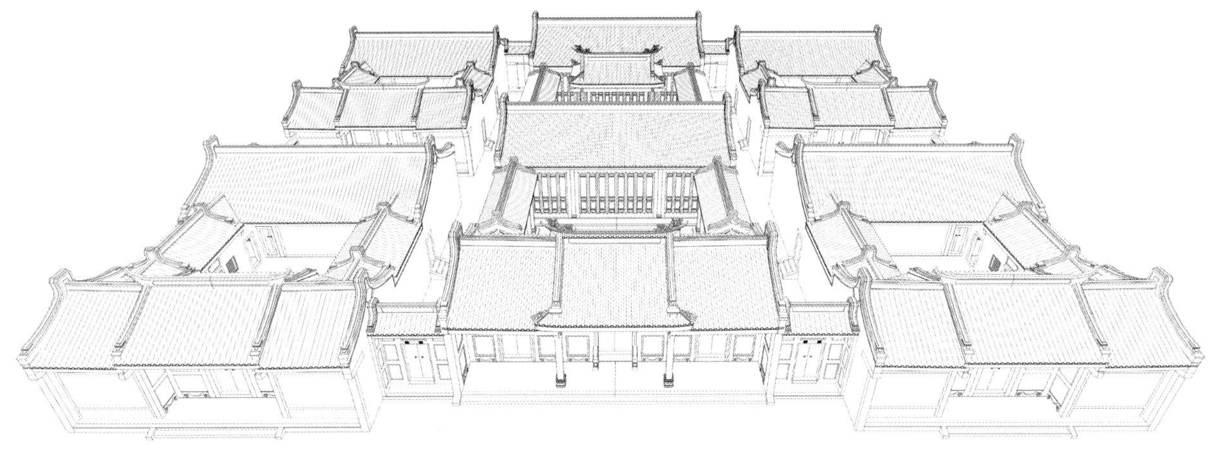
图 4-2-15　“驷马拖车”民居轴测示意图（林信佑　制图）

（4）“三座落”

“三座落”也称“三厅亘”，可以形象地理解成是三个厅组合的院落；是“四点金”纵向增大为三进二天井的建筑平面布局，相当于两个院落纵向串联在一起，比“四点金”增加了一进院落，前后天井两侧各有厝手（从屋）（图 4-2-17、图 4-2-18）。首进中间为门楼，两侧为前房；二进中间为中厅（官厅），两侧为房间；三进中间为后厅，两侧为后房。除了房间是居住用，中厅用于会客和起居，后厅用于祭祀，厝手一般安排为餐厅、储物等配套用房。

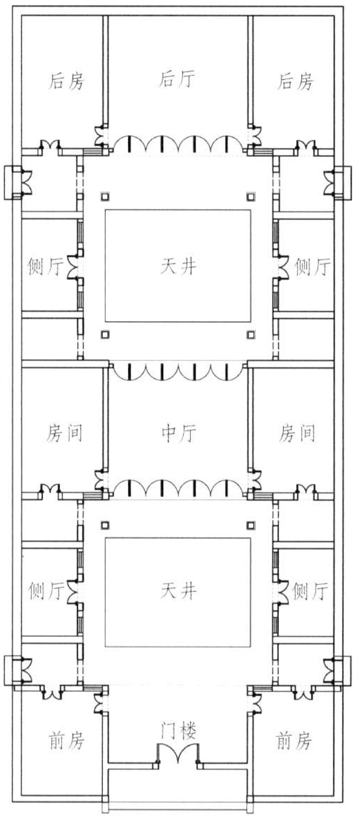

（5）“三壁连”

“三壁连”式院落，是三座“四点金”或三座“三座落”的平行并列组合。“三壁连”一般中间主座为五开间（“五间过”），两侧座为三开间；也可以是由三处“三座落”并列，中间主座面阔同样要比两侧座宽（图 4-2-19、图 4-2-20）。“三壁连”的中间主座常作为宗祠、祖厅使用，两侧座才是生活起居用房。

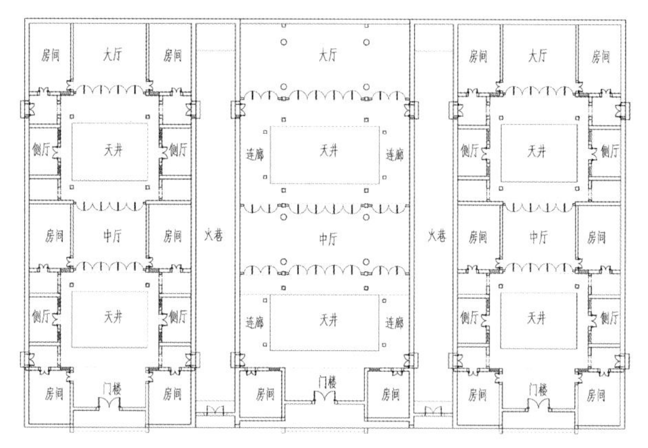

图 4-2-19 “三壁连”民居平面示意图（许剑英 制图）

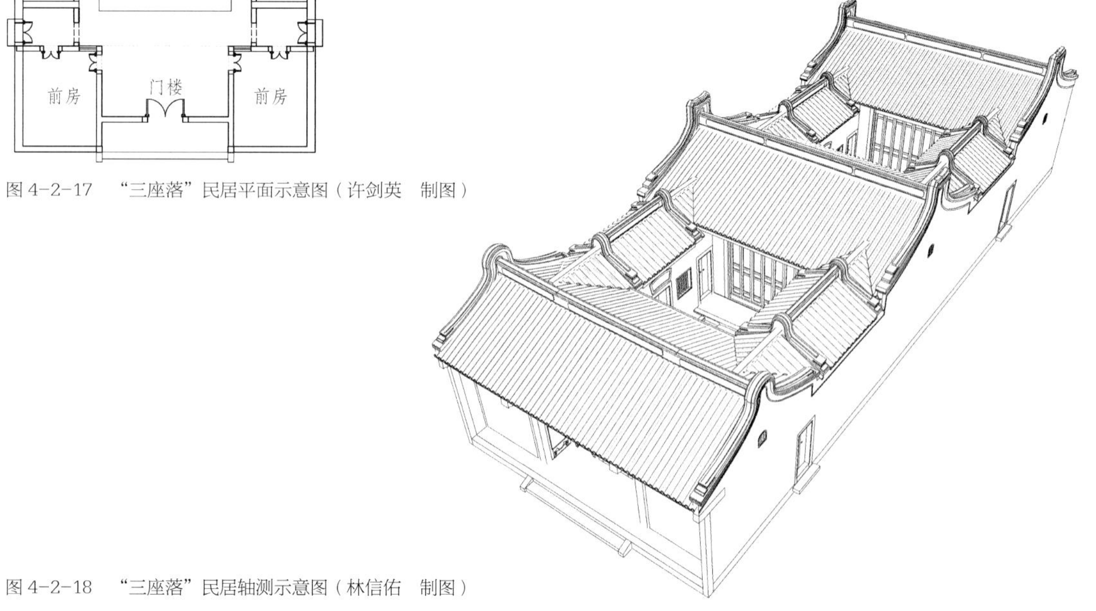

图 4-2-17 “三座落”民居平面示意图（许剑英 制图）

图 4-2-18 “三座落”民居轴测示意图（林信佑 制图）

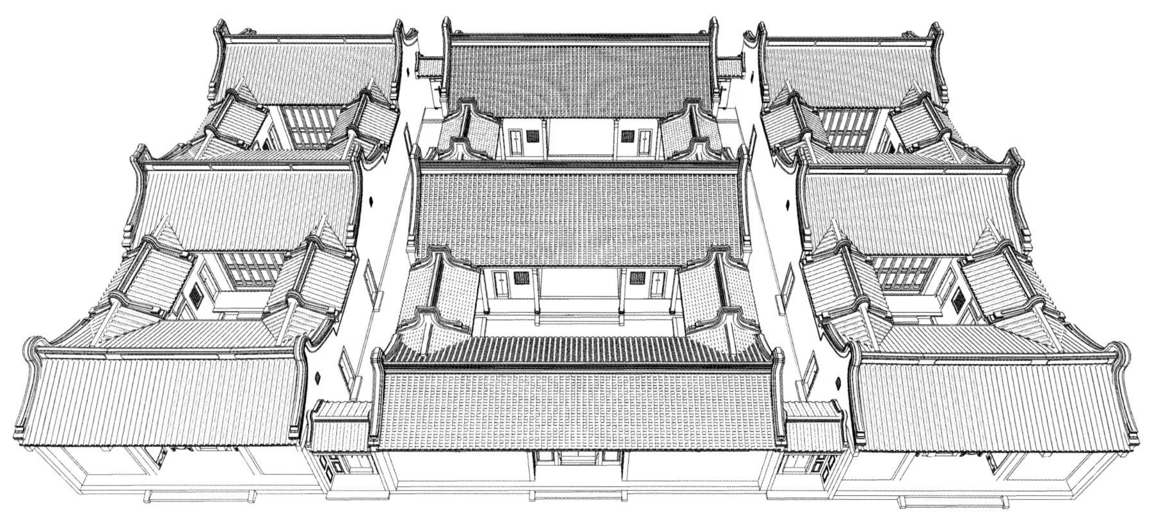

图 4-2-20 “三壁连”民居轴测示意图（林信佑 制图）

（6）“五间过”

“五间过”是前后两进均为五开间的平面布局，是“四点金”的横向增大型（图 4-2-21、图 4-2-22）。“五间过”为二进一天井格局，其前后两进均为五开间，首进心间为门楼，两侧次间、稍间均为四间前房间；二进心间为大厅，两侧次间与稍间均为四间后房间。比起“四点金”，“五间过”的前后共增加四间房间，形成二厅、八房、两厝手、一天井的格局，就像是一座规模较大的“四点金”。“五间过”的另一种样式是“下山虎”的横向增大型，由后座、两厝手、前面围墙、庭院门楼围合天井而成。

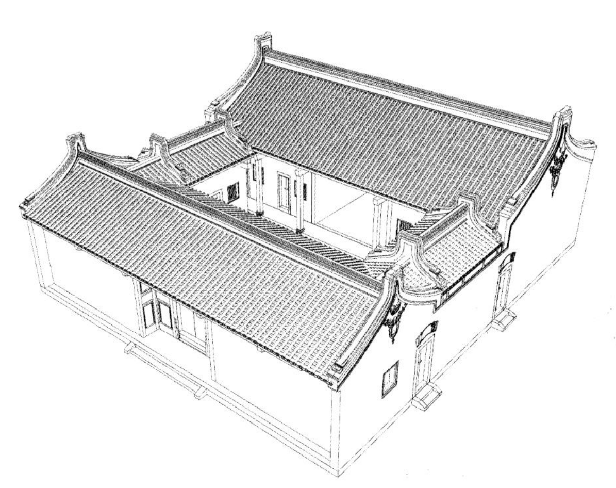

图 4-2-22 “五间过”民居轴测示意图（林信佑 制图）

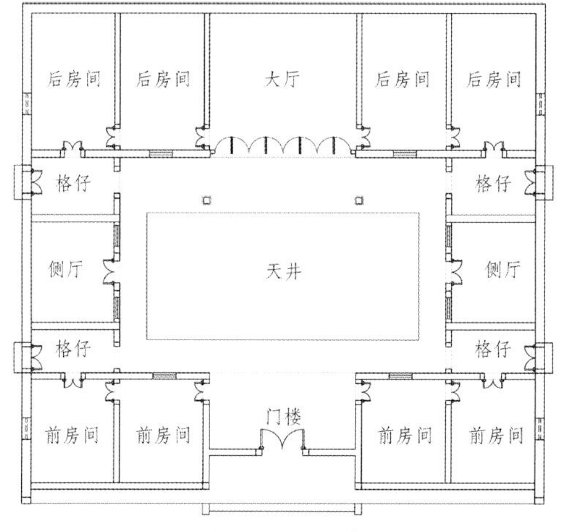

图 4-2-21 “五间过”民居平面示意图（许剑英 制图）

（7）“双佩剑”

“双佩剑”也称“二落二从厝”，是对“四点金”左右拱卫两座对称从厝的院落布局的简称（图 4-2-23、图 4-2-24）。从厝与主座之间有厝巷（俗称火巷），从厝一般为五开间，即四房一厅，两侧从厝对称围护在主座左右；火巷前后可根据需要开前后火巷门，或只在前面开火巷门，主座有子孙门与火巷连通。也有的“双佩剑”厝局做了变通，将主座厝手打通敞开，用过水厅、过水亭形式，将主座厝手与巷厝厅连接起来，围绕着中间大天井，形成“四厅相向”的布局。

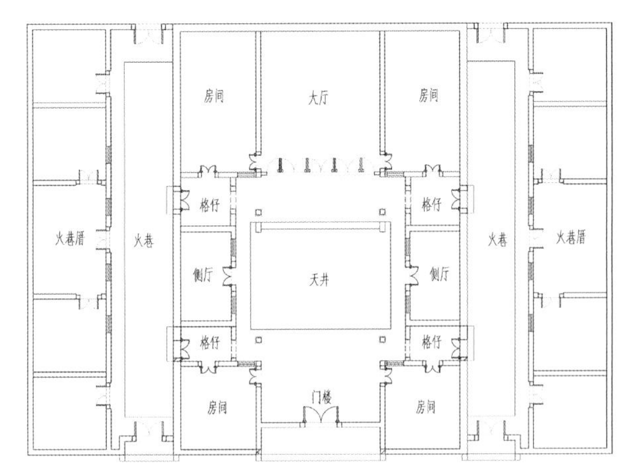

图 4-2-23　“双佩剑”民居平面示意图（许剑英　制图）

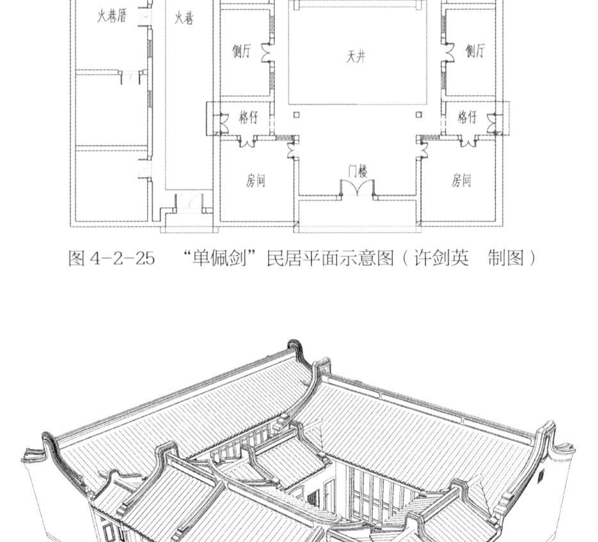

图 4-2-25　“单佩剑”民居平面示意图（许剑英　制图）

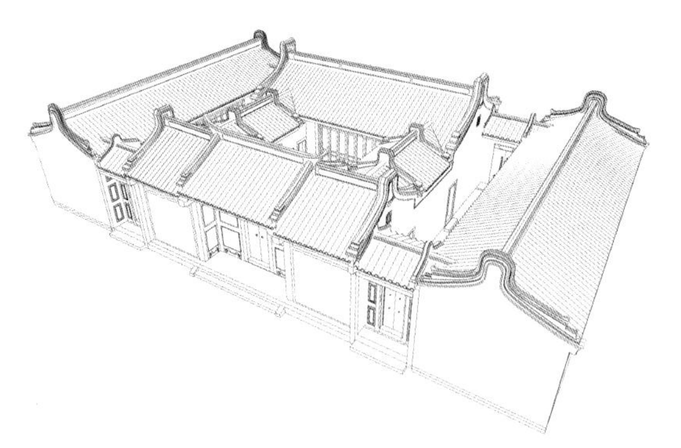

图 4-2-24　“双佩剑”民居轴测示意图（林信佑　制图）

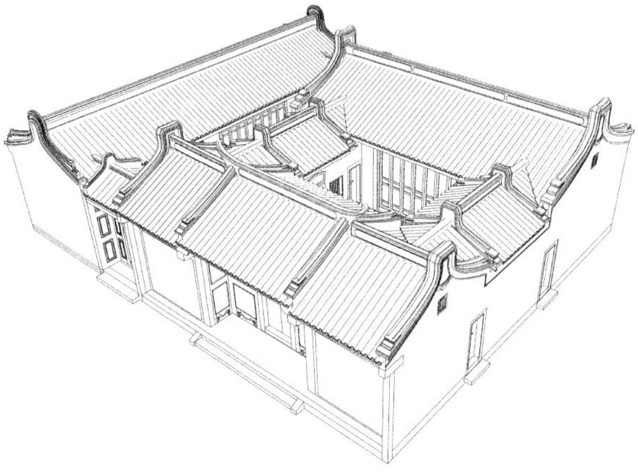

图 4-2-26　“单佩剑”民居轴测示意图（林信佑　制图）

（8）“单佩剑”

“单佩剑”也称“二落一从厝”，是对“四点金”单侧增加了一边从厝的院落布局的简称（图 4-2-25、图 4-2-26）。所以，“单佩剑”厝局就是“双佩剑”厝局减少了一边火巷和从厝，这种布局一般都是由于场地限制才采用。

（9）“竹竿厝”

“竹竿厝”是因厝的平面长宽比悬殊、形状狭长，似竹竿而得名（图 4-2-27、图 4-2-28）。“竹竿厝”多为单开间样式，平面呈长方形，一般面阔 4~5m（15~21 吉瓦），进深为面阔的 3~5 倍。“竹竿厝”一般厅、房合一，前有小院，后有天井厨房。在乡村，通常是几间“竹竿厝”连成一排。

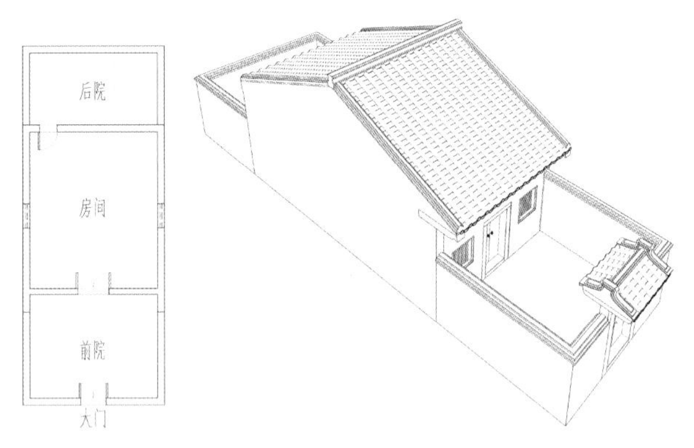

图 4-2-27　“竹竿厝”民居平面示意图（许剑英　制图）

图 4-2-28　“竹竿厝”民居轴测示意图（许剑英　制图）

（10）“百鸟朝凤”

“百鸟朝凤”是对以“驷马拖车”为主体建筑，外包“四点金”“下山虎”以及围抱从厝所组成大规模建筑平面布局的简称和拟称（图 4-2-29、图 4-2-30）。主体建筑“驷马拖车”以中间三进两天井宗祠为中心，整个平面以宗祠分金中轴线对称分布。主体建筑两侧各有一列或两列排房，俗称“从厝”，以“火巷”隔开；主体建筑后面也有一列或两列排屋，与两侧“从厝”排屋相连，与后厅以后巷隔开，此为“后包”。两边围护的从厝和后包多由一座座“下山虎”相连围护而成，要有总数达到 100 间的“鸟”围绕中心厅堂这只“凤”才够规格，才能称之为真正的“百鸟朝凤”。整座的正门开于门楼间中央，门前有一大埕（即广场），大埕两侧均开有门，称“龙虎门”。

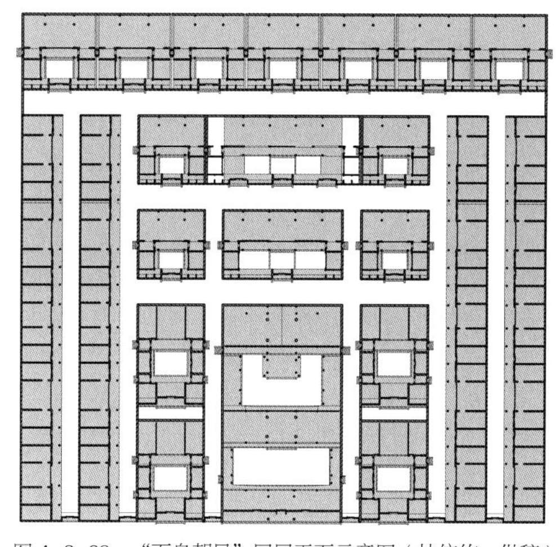

图 4-2-29 “百鸟朝凤”民居平面示意图（林信佑 供稿）

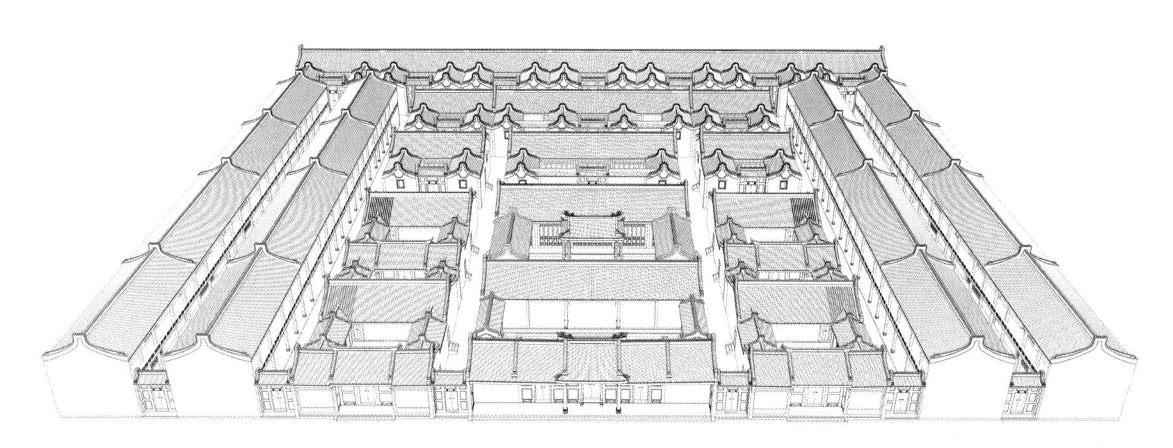

图 4-2-30 “百鸟朝凤”民居轴测示意图（林信佑 制图）

（11）围寨

围寨是一个集居式大聚落，是潮汕地区的一种特殊居住建筑形式，筑寨的主要目的是防盗、防兽和聚族而居（图 4-2-31 ~ 图 4-2-36）。潮汕地区靠海，先民大多数从福建迁徙过来，致使潮汕地区的围寨跟闽南地区的围寨有一些相似之处。围寨的建造都会从环境和风水学考虑，要依地理形势的变化采用不同的建造形式，力求与环境协调，近山的地方会以山脉做靠背，近水的地方会用“水龙”做护卫。潮汕地区常见的围寨有方寨、圆寨、八角寨等，还有依地势建造的不规则围寨。

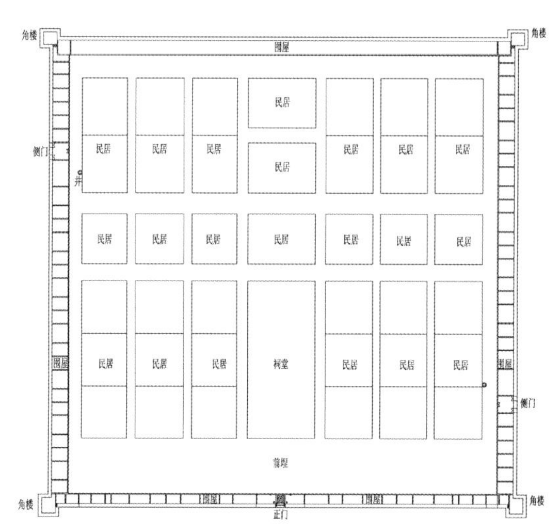

图 4-2-31 东里寨平面示意图（许剑英 制图）

图 4-2-32　方寨——东里寨俯视图（陈坚涛　摄）

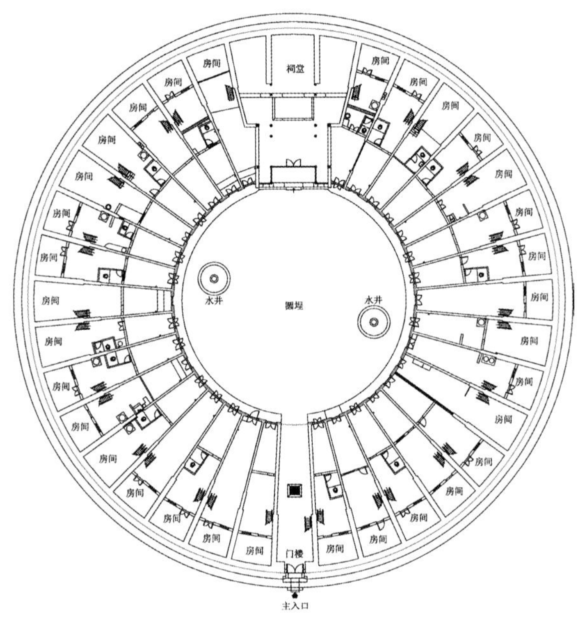

图 4-2-33　五全楼平面示意图（许剑英　制图）

图 4-2-34　圆寨——五全楼俯视图（许剑英　摄）

图 4-2-35　道韵楼俯视图（谢婷　摄）

图 4-2-36　不规则围寨——龙湖古寨（陈坚涛　摄）

三、剖面设计

潮汕地区传统建筑的剖面做法，一般已经汇集在领头工匠的篙尺之中，有绘图功底的领头工匠也会绘制一张“载路图”（图 4-2-37）。

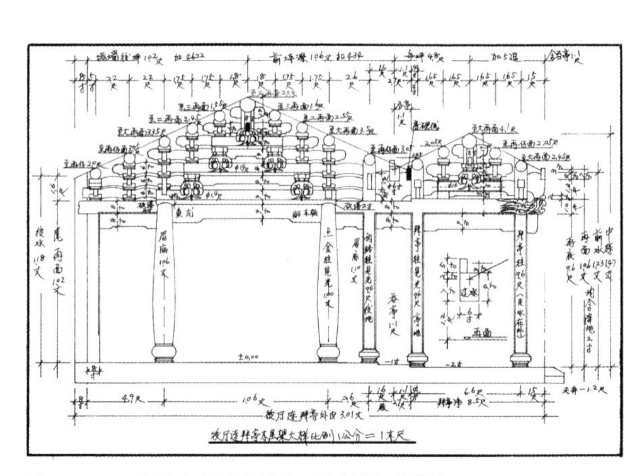

图 4-2-37　侧样（“载路图”）（许剑英　供稿）

（1）退地

“退地”是指从大厅内地坪往门楼前面阳埕地面高度逐渐下降的做法。指潮汕地区传统建筑各部位标高一般是院内比院外高，室内比室外高，形成从入门到大厅逐渐抬升的“步步高升”形势。

（2）天平地平

“天平地平”是门厅内走廊与两侧连廊或两侧从屋走廊地坪同高，门厅与两侧连廊或两侧从屋的滴水也同高的做法。在此条件下，潮汕地区传统建筑两廊上后厅地坪会有高差，两廊滴水和后厅滴水也会有高差。

（3）栋高

“栋高”是指脊桁面距离地面的高度，是“丈八六”[18.6 尺（6.2m）]，被称为“前厅篙头平地”。潮汕民居前厅面宽通常为“丈八六”，恰好一丈篙的尺度，被称为“前厅合篙头”，与栋高等值。一横一竖均合一丈篙为前厅大尺度之习用数字。

（4）滴水高

“滴水高”是指滴水瓦下折棱线距离地面的高度，依据口诀“厅腹九折定上穿（梁）”确定。前厅的滴水高先由厅腹宽度乘 0.9 再加封檐板高度确定，厅腹宽度即门厅内外点金柱之柱中距；后厅滴水高则是在前厅后檐滴水高度的基础上，增加一尺左右。

（5）过白

“过白”是指在剖面中，从后厅神案上的香炉顶（5.2 尺高）位置向前厅望去，擦过后厅廊檐（大廊下）的封檐板下皮，到前厅屋顶，要能见到一定高度天空的尺度做法（图 4-2-38、图 4-2-39）。“过白”高度被规定为 1.8 尺、1.9 尺、2.1 尺、2.2 尺四个数字，也即尺寸要符合“压白”。那么为什么厅的剖面一定要符合“过白”？这是因为潮汕地区的营造制度，规定“过白”可使神明（祖先）与天相通。剖面上“过白”的确定，受多种因素影响，如后厅厅堂的进深、天井的进深、后厅的滴水高度、前厅的栋高等，它既要满足使用要求，又要符合营造法上的各项规定，需要综合考虑。

图 4-2-39　过白（许剑英　摄）

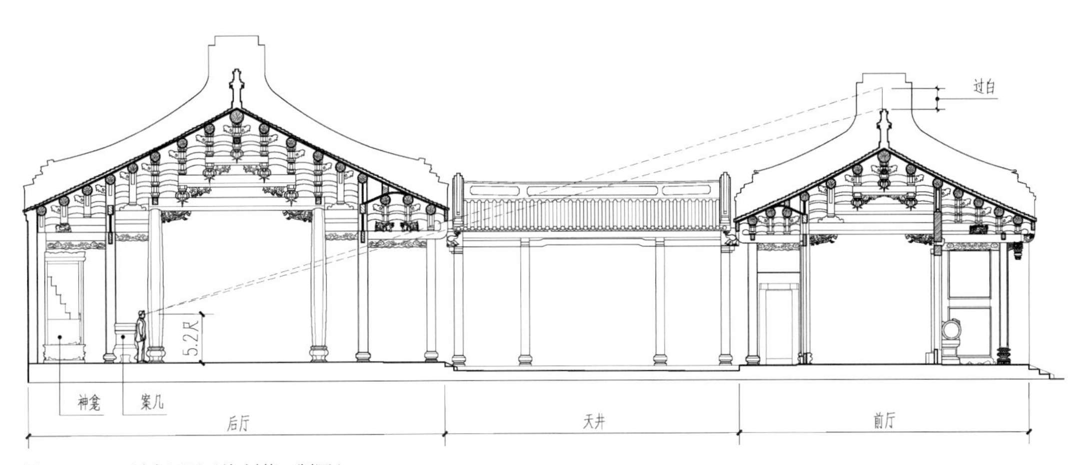

图 4-2-38　过白图示（许剑英　制图）

潮汕古建筑营造

第五章　潮汕古建筑的建造技艺

安民

第一节 基础

潮汕古建筑基本上是单层建筑，以杉木桁桷、黏土瓦片以及夯土墙体等形成的建筑整体，对地基的承载力要求较低，基础处理也因此相对简单，均为灰土墙体。

潮汕古建筑选址都是在密实的天然地基上，但因地下水位情况而有所不同。

（1）基础常年在地下水位线以上的建筑：均使用贝灰土基础或贝灰砂基础，通常厚度约 600mm。贝灰土基础是用贝灰粉和山上灰砂（岗土）按 1 ∶ 3 的体积比调和后，用灰锤人工舂实而成；贝灰砂基础是用贝灰粉和河砂按 1 ∶ 2 的体积比调和沤制，沤灰方法：把贝灰和河砂按一定比例调和均匀后，用水扫湿，使灰砂全湿透（手捏成团），再收整成锥形灰堆，外表面压实，洒水保持湿润，中心灌水，沤制 3~5 天待用，沤制后，用灰锤人工舂实而成。舂基础时应分层舂夯，层数应按设计厚度而定，这里的分层是：人工舂实时每层松散料放约 20cm 厚，夯实后厚度为 13~15cm，每层应舂 3~4 遍，用墙锤舂墙时应横直互压半锤。将整条苗竹破为 4 片后埋于基础中间，以增加基础的抗拉力和抗剪力，竹片的长度应结合实际施工的具体情况确定，越长越好。舂实后的基础应洒水养护，在 1 个月内应保持湿润。

（2）地下水位较高或地基较软弱的建筑：有的先砌毛石基础（1 ∶ 2 贝灰砂浆），砌至地下水位线以上处（通常高出常年水位 40cm 以上），再做灰土（或灰砂）基础；也有直接砌毛石基础的。

第二节 墙体

墙体是建筑的实体要素之一，它既是围护结构又是承重结构，潮汕古建筑墙体主要有夯土墙、灰砖墙、涂角墙三种类型。

一、夯土墙

潮汕古建筑墙体多为夯土墙。夯土墙作为围护结构和承重结构，其厚度依据墙高和承载力大小而不等，一般为240~350mm。

依据所用材料的不同，夯土墙可分为贝灰夯土墙、贝灰砂夯土墙、贝灰砂土三合土夯土墙三种。

1. 夯土墙的主要固结材料

夯土墙的主要固结材料为贝灰，贝灰是由海底蚶壳、蚝壳、螺壳等贝壳煅烧而成的。

传统煅烧贝灰工艺，是把海底打捞的贝壳清洗干净，一般要露天处放置3~6个月，经雨水多次冲洗，使贝壳内所含的盐分基本去净后，才可以进行煅烧。煅烧贝灰时，先把贝壳和谷皮（粗糠）按1∶1的体积比（用畚箕测量，下同）混合均匀，然后放入灰窑内煅烧；应分层均匀放入，烧至贝壳全熟透，才成为烧熟的贝灰。烧熟后的贝灰生灰，加水发为贝灰粉（熟灰），再过筛，筛去杂质后备用。灰窑烧灰、工程场地发灰、筛灰，筛去泥土杂质。

夯土墙质量与贝灰质量有密切关系，贝壳质量和煅烧工艺直接影响贝灰材料的质量（图5-2-1）。用纯净蚝壳烧出来的灰是最好的贝灰；发出来的灰，膨胀系数大（膨胀系数2~3倍，但与烧熟后放置的时间、发灰的用水量有关系），灰质白，无杂质，密度小（通常密度500~1200kg/m^3，如1200kg/m^3以上的灰粉就是含泥土、杂质较多的次品）。烧熟的贝灰密度越小，质量越好。

图 5-2-1　夯土墙打夯（姚艺婷　摄）

2. 夯土墙的施工工艺

（1）夯土墙的施工工具：主要包括夹墙板、灰槌、压灰板（压灰板是指压具夯土墙表面的灰板，潮汕人称为“塗跌或塗拍”，是夯土墙压面、收平的工具，打夯土贝灰土地埕也用此工具）、铁耙、砂铲、锄头、畚箕、大麻绳、木支、木梗等。

夹墙板是夯筑墙成型的模板，规格一般为 2m 长、0.6m 高，是用 25mm 厚的木板钉在 2 条 100mm × 100mm 的木楞上（木楞是夹墙板的支骨）；木楞上下各 2 条，两畔两块夹墙板合计 4 条。下面 1 条距木板下端 30~50mm（即为木板留出 3~5cm 夹住夯好的墙，木楞串锣杆架在夯好的墙面上），上面 1 条与木板顶面齐平，每 2 块墙板为 1 套，每套配 3 个木卡，卡住 2 块墙板，木板内面用 2 条挡头板挡住两端灰土以控制厚度；同时，挡头板做成墙厚尺寸，支顶在夹墙板两端。木卡用 2 条 80mm × 80mm 的木条，上面和下面各用 1 条螺杆穿过木条，施工时锁紧（古时无螺杆可用时，则用 2 条麻绳做成麻绳圈，套紧木卡件的上、下，再用木支支紧，麻绳圈根据墙体厚度和木卡厚度而制）。

灰槌是夯墙工具，用 1 条长约 2m、直径约 50mm 的圆硬木，下面带立方体铁头套。铁头套底面平滑，重 2~3kg。

压灰板塗拍（压灰板又叫作塗跌，下面平、上面前低后高，是压实表面和收平的工具）用硬木制作，宽约 80mm，长为 250~300mm（厚度前端约 4cm，后端约 8cm），是对底层夯板夯满后打实收平的工具。

铁耙、砂铲、锄头、畚箕等均是调料、和料的工具。

（2）夯土墙的施工工序：主要分为调料、和料、炼灰—打夯墙体—养护三个阶段。

传统夯土墙依据用料的不同，其施工工艺大同小异。相同之处是第二阶段打夯墙体和第三阶段养护，不同之处是第一阶段的调料、和料、炼灰。例如：贝灰土墙的第一步是利用潮汕地区山上特有的灰砂土，与贝灰粉按 3 ∶ 1 的体积比调和均匀，过粗筛，筛掉砂土颗粒。第二步是把过筛好的贝灰土料加水湿透掺和，调制成用手捏成团但不出水、手放开后抖动即松散的半干湿料。第三步是把调和好的贝灰土料均匀撒入夹墙板内，接着在人工捶夯时，先使轻槌，后使重槌，把灰土夯压密实，至表面和周边有灰泥浮出为止；再如此分次加灰土夯压，直至夹墙板灰土夯满。第四步是用压墙板压平墙体顶面，再移夹墙板。按上述方法先在水平方向把墙体四周合拢，再从下至上逐层施工。夯土墙一般每层虚土 20~22cm 厚，夯实系数为 65%，夯成的厚度为 13~14cm，每片墙板高 60cm，则分 4 层夯实。夯实贝灰土墙高 55~56cm（模板夹住下层夯好的墙 4~5cm）。

施工上层夯土时应待下层稍微干硬，可以站人后才可以做上层施工；施工时上下层接口应错位，立缝不能贯通。安装上层夹墙板时，夹墙板应夹住下层已完成墙体 20~30mm（即下层螺杆压在已夯好的墙面上），墙板应吊垂直、校水平。控制垂直度一般是在两端挡头板中心，用墨斗拍一条中心墨线，用吊线坠的方法测量中心墨线的垂直度。各层夯筑完成后，应用灰板把接缝擦平。当夯好的灰土墙干硬后，进行洒水养护（工具有各种各样，不局限，都是人工操作的，一般有水勺、花洒等工具），保证墙体湿润，一般洒水养护应保持 10~15 天。

（3）“贝灰砂”夯筑墙：施工程序与贝灰土夯筑墙一样，但“贝灰砂”夯筑墙的工艺要求比贝灰土墙高，成品质量比贝灰土墙好，使用寿命比贝灰土墙长。贝灰砂夯筑墙在材料配合和调制时较讲究，首先是把发熟的贝灰粉和河砂按 1 ∶ 2 的体积比配制，用竹耙反复调和至均匀后，整理成堆（通常是圆锥体）。然后在灰堆中间挖坑放入清水，泡制 1 天使灰料全部湿透，再用竹耙、锄头翻动，用木梗锤炼（现代施工是用砂浆机搅拌代替木梗锤炼）。如此反复几次使灰和砂基本黏合在一起后，再把它整理成堆，养水，保持湿润，不能缺水；若缺水干燥，则影响灰砂质量。

夯筑施工时，将调制好的灰砂料重新搓和，形成半干湿料（与前文贝灰土料一样）进行施工；若太湿可加贝灰砂干料，若太干可加水。对质量要求较高、经济条件较好者，可加糯米浆搓和均匀后再夯筑施工。

（4）“贝灰砂土”墙：是用贝灰粉、灰砂土、砂按 1 ∶ 2 ∶ 1 体积比调制而成的夯墙料夯筑而成的墙体，其质量比贝灰土墙好，但比纯贝灰砂墙差。贝灰砂土墙的材料调制过程分两步，第一步是贝灰砂料调制，施工步骤和工艺与贝灰砂料相同；第二步是在夯筑施工时掺入灰砂土调制均匀后，按上述夯土墙施工工艺操作（图 5-2-2）。

图 5-2-2　夯土墙施工

为确保夯筑墙的耐久性，有搁置条件时，在夯筑墙夯筑完成后，对屋面暂不施工、墙面也不批面，而是露天淋雨日晒一年后，才进行上部屋面施工；如遇干旱，墙面应洒水，这样才能去除夯土墙的咸质，提高墙体质量。

二、灰砖墙

灰砖墙又称贝灰砂砖墙，是潮汕地区传统建筑中的一种民居建筑砌筑墙体。它与贝灰砂夯土墙所采用的材料基本相同，但施工工艺有所差别。灰砖墙是把沤好的贝灰砂浆，用灰砖模具和墙锤，人工舂压成灰砖，在空阔的场地上排列整齐平放，经洒水养护至凝固硬化后，再用贝灰砂浆砌筑成墙体。

1. 灰砖墙的施工工序

灰砖墙的施工流程是：调配贝灰砂料—沤灰—炼灰—舂灰砖—洒水养护—堆叠待用—砌灰砖墙—补砖缝—墙面批荡（抹粗灰）—抹面灰（贝灰浆批面、收光），具体施工工艺如下：

（1）调配贝灰砂料：把煅烧成熟的贝壳灰用清水发成熟贝灰，备好贝灰粉和中砂，按体积比 1 ∶ 2 的贝灰和中砂均匀调配，把调配好的贝灰砂料加水湿透后，用铁耙掺和，并收成灰堆，待 2~3 天后进行锤炼。

（2）炼灰：把调和均匀并沤制 2~3 天的贝灰砂粗撒开（炼灰的过程），用木梗锤炼至贝灰泛浆且灰浆与砂混为一体、不再松散为止；重新收成灰堆，外表面稍压实，洒水保持湿润，在灰堆中心耙出坑窝后放水养护，进行沤灰待用。

（3）舂灰砖：把沤制好的贝灰砂料掺和成手捏成团、放松稍抖即散的灰砖料，用畚箕担至平整好的坪地放入灰砖模具内，用带铁头的灰砖锤舂压（每块灰砖基本均分 3 次落料舂压），舂至灰砖密实、表面泛浆为止，再用压灰板打压收光。5 天后洒水养护，一般养护 15 天以上。

（4）堆叠：平放在地面的舂灰砖被养护 15 天硬化后，要逐一侧放、堆叠待用；堆叠后还要经常洒水养护。

（5）砌灰砖墙：用贝灰粉和河砂 1 ∶ 2 体积比的贝灰砂浆砌灰砖墙，贝灰砂浆应搓和成和易性好、坍落度为 10~20mm 的砂浆砌筑。在砌筑时，应边砌边补灰缝，使灰缝密实、墙体坚固。

（6）抹粗灰：抹粗灰用贝灰粉和河砂 1 ∶ 1 体积比的贝灰砂浆，该砂浆同样应沤制后才能使用。抹粗灰前，墙体应湿水，以保持墙面湿度，才能抹灰。

（7）上贝灰浆面层：待粗灰凝结干燥后，再粉贝灰浆面层。在粉贝灰浆面层时，一定要对粗灰层洒水、湿润，再上贝灰浆。贝灰浆应反复滚蹚，打出灰浆；若灰浆太干应洒水后再批，打出灰浆后，用板匙随后收光磨滑。贝灰浆的成分为贝灰粉，成活标准为表面平整光滑。

（8）贝灰浆墙面分类：有纯贝灰浆墙面、纸筋灰浆墙面和纸筋灰浆磨石墙面。纯贝灰浆墙面是把沤制好的贝灰浆批抹在湿润的粗灰墙面上，经过起浆、锤炼、收光而成平滑的整体墙面；纸筋灰浆墙面是在灰浆内掺入纸筋，锤炼、沤制后形成较有韧性的灰浆，再按抹贝灰浆的施工工艺批抹成为整体比较光滑无碎裂的墙面；磨石墙面是在纸筋灰墙面批抹成型干至 80% 以上时（即墙面按压不塌陷、无手印，但表面仍有水分），用一面平滑的卵石，顺势按磨，先轻后重，磨至墙面光滑见影。磨石墙面的施工工艺较高，应充分掌握墙面的干湿磨，从墙面开始硬化但还有 20% 的水分，磨石按压不塌陷时，开始磨至水分基本干燥为止，如过于干燥，则不能磨，以免影响质量；磨墙面时，应顺势一定方向磨，以磨滑为目的，防止逆磨、干磨造成墙面变粗。磨石墙面坚实、平整、光滑、耐久。

2. 灰砖墙的材料

灰砖墙（贝灰砂砖墙）的材料是贝灰、中砂。

3. 灰砖墙的工具

灰砖墙（贝灰砂砖墙）的制砖和砌筑工具，主要包括锄头、砂锤、畚箕、灰砖模、墙锤、木梗、铁耙、压板。

三、塗①角墙

塗角墙是古昔年代潮汕民居和历史上比较贫穷人家居住房屋、草寮等的围护与承重墙体，是用塗角和泥浆砌筑而成的。塗角墙砌筑完成后，在墙角抹上贝灰砂浆（民间称为穿上灰衣裳），可使用上百年至几百年。

塗角是用本地含砂量较少的田底隔塗（耕植土以下的土层），经过锄松、浸水、牛踩、多次翻踩，踩至柔韧、富有黏结力，再加入稻草段翻踩均匀，形成调制好的黏土；然后把该黏土担到平整地坪上，用塗角模印制成大小一致的塗角（民间叫壳塗角），晒干后削除贴地面凸出的塗（称为削砖），再叠堆并覆盖防水备用。

塗角墙多为屋面盖稻草的房屋，叫草寮，为贫穷人家居住的房屋（20 世纪六七十年代，潮汕沿海地区还有草寮存在，改革开放后逐渐拆除、改建，现已无存）。

① 塗，指泥土，塗角墙为潮汕地区泥瓦匠人常用术语，后同。参见张玉书 . 康熙字典 [M]. 北京：中华书局，1958.

第三节 大木作

潮汕传统民居“下山虎”和普通“四点金”大部分是以夯筑墙为承重结构，包括外围墙和房间分隔墙，所以屋面桁条直接架在夯筑墙尾上，即墙搁桁承重体系。但对于较高档“四点金”和祠堂的房屋内部，均以柱和梁桁为承重结构，即木构架承重体系。

一、立柱和柱础

以“四点金”为例，一般后厅为六柱式，即檐柱、前副点柱、前金柱、后金柱、后副点柱、后墙柱。檐柱也叫作喷水柱，是后厅正面最外侧的可见柱子，安装在前檐沿阶石内侧的前副点柱前面，向内（即向后的进深方向）依次是前金柱、后金柱、后副点柱，后墙柱是最后面靠后墙边的柱子。前厅有外檐柱、内檐柱和步柱。南北厅每畔各有 4 根檐柱。因潮汕地区多雨潮湿，柱子多为石材，但也有极少数用木材。不管是石柱还是木柱，在柱的接地处均设石柱础，石柱础也叫作柱珠（图 5-3-1）。

柱的平面布置因建筑而异。门楼正面檐柱装在沿阶石内面与两畔库房外墙面，内面步柱与前房内墙外面平齐，内面檐柱装在内沿阶石内面；后厅檐柱装在后临沿阶石内面，点金柱装在前、后七架楹（大梁、大载）下部，前后副点柱各装在点金柱前后处。

（1）柱：柱有各种造型（图 5-3-2），尤其在宗祠建筑中更为突出，门楼檐柱通常做工考究，平面上有方形柱四角起柿花线的、海棠形的、六角形的以及花瓣形棱柱的。金柱（包括前金柱、后金柱）是建筑中的最主要柱子，通常为圆形断面棱柱、梨花断面棱柱、八角形断面棱柱；其他柱子多为方形断面柱。

（2）柱础：所有柱都设有柱础，柱础的造型与柱子的造型紧密结合，圆柱配圆柱础，方柱配方柱础，八角柱配八角柱础。柱身的线条也延伸至柱础。

柱础与柱身连为一体，被直接制作成为竖珠柱，

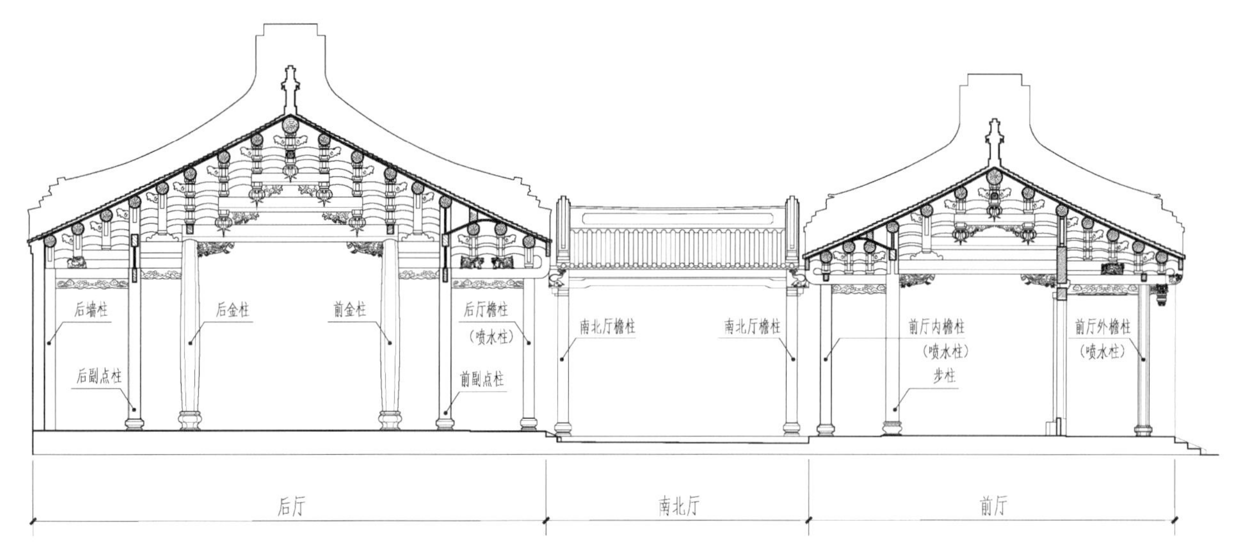

图 5-3-1　屋架图（许剑英　制图）

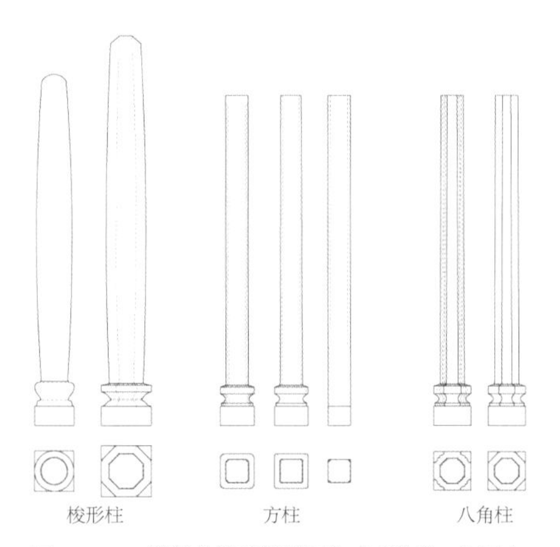

图 5-3-2　潮汕传统建筑常用柱式（陈欣　制图）

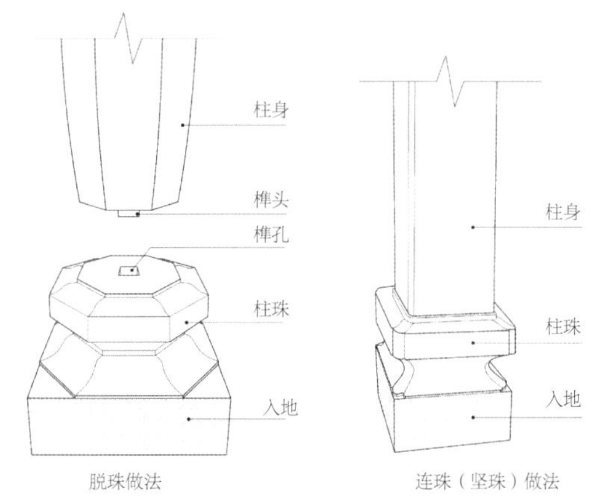

图 5-3-3　脱珠做法与连珠做法（许剑英　制图）

也叫作连珠柱；柱础与柱身被脱开制作，在安装时将柱珠入地、柱身安在柱础上的为叠珠柱，也称为脱珠柱；一般檐柱多为连珠柱，金柱多为脱珠柱（图 5-3-3）。

柱（或柱础）安装在夯实的灰土基础上，入地 20~30cm，柱安装垂直定位准确后，用贝灰土把柱入地部分夯实固定。

二、梁架

潮汕古建筑梁架一般为抬梁式、穿斗式、抬梁与穿斗结合式三种，如进深六柱的上面为抬梁式构架，两点金柱上面为三载五木瓜制式（图 5-3-4）。

图 5-3-4　三载五木瓜（姚艺婷　摄）

（1）三载：即大载、二载、三载，大载上用两粒木瓜承托二载，二载上用两粒木瓜承托三载，三载上的一粒木瓜承托子孙桁和中桁，每载两端各有一组凤冠斗（异形栱的一种）承托屋面桁，每套凤冠斗之间用弯板连接起到牵拉作用，也有的做成斗筒（矮柱）和弯板结构。二载、三载是大载的替力梁，它把屋面中桁和前后二、三桁共五条桁以及屋面的重量，传递至大载距金柱1/6处，以减少大载的受力弯矩。三条屋架载的截面造型均为油栳形，即下部架在点金柱上的三面为八角形下三面，两侧面连同左右侧上的弧面做成弧形，其他梁载为矩形截面。

（2）木瓜：木瓜既是受力构件又是装饰构件，被做成形似南瓜的圆柱形，靠厅面雕有四粒瓜子，左右各两粒，分布在木瓜下部。按屋架载的上部造型，开口做成吻合的造型，开口的位置正面占3/5、后面占2/5，开口中心做40mm×40mm×40mm木榫栽入屋架载上面。木瓜下端被做成三丫凤爪形，以卡住屋架载，后面做成鲎尾形，这样木瓜卡在载面上才稳定牢固、不能移动。木瓜上面为八角斗，其下部做木榫栽入木瓜内，上面按上部承载构件的造型做成吻合的开口。例如大载和二载上的木瓜，八角斗上面承载二载、三载，所以应在八角斗的上部开一个与二载、三载下部吻合的梯形口；三载上的木瓜承载子孙桁，八角斗上方应按子孙桁下的造型开口。

（3）屋架载至屋面楹间的受力构件有凤冠斗、筒斗、矮柱等各种构件，均为承重构件（图5-3-5、图5-3-6）。既要保证结构的承载力和稳定性，也要做出造型和工艺。例如凤冠斗是由方斗、凤冠、弯板三种构件组合而成的部件，斗的上端开十字口，与屋架垂直的方向卡住凤冠与屋架平行方向的支撑弯板。

凤冠斗的安装与屋架方向垂直，前面2/3长度处被雕为凤冠形，后面1/3长度处的上、下各被做成凹口，下端卡住斗的上端，上端卡住斗的下端，两侧面做槽，槽深约为凤冠斗厚度的1/3，冠槽宽内面与弯板厚度同宽，外面每边做窄5mm，形成燕尾卯口，弯板是屋架承重构件的连接件，被做成弧形，两端的榫头均被做成燕尾榫。燕尾榫的长度和大小应与凤冠斗的槽位卯口吻合。

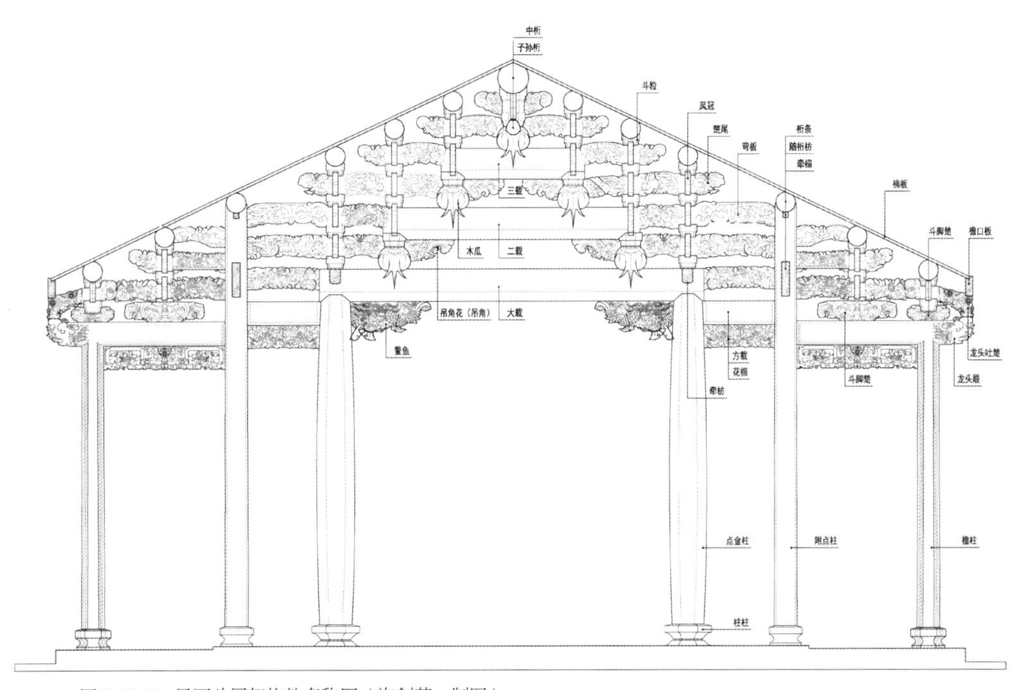

图5-3-5 凤冠斗屋架构件名称图（许剑英 制图）

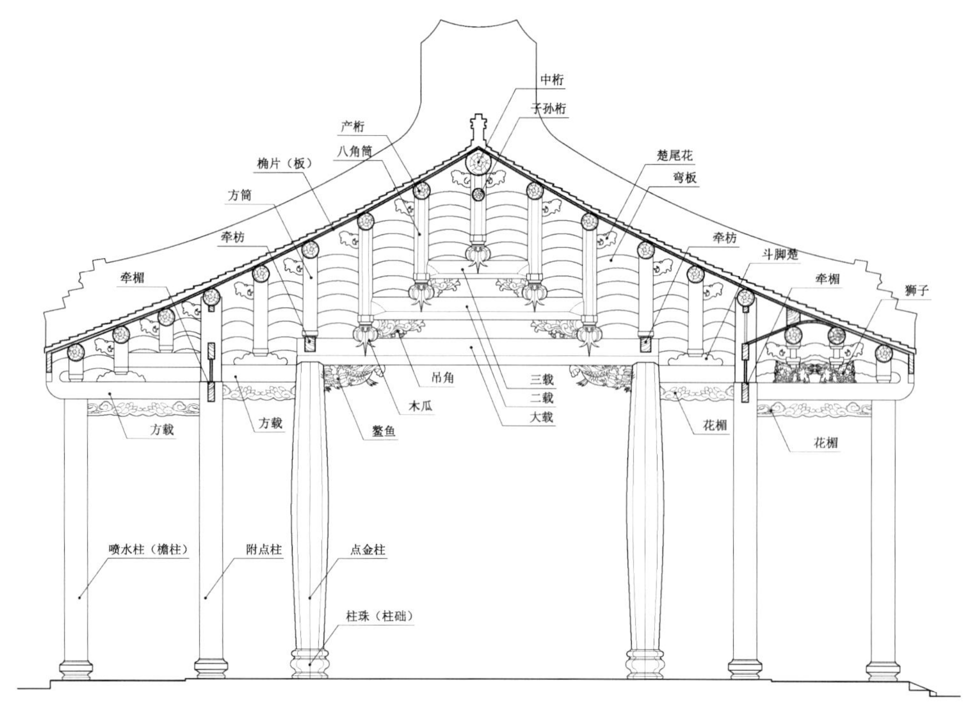

图 5-3-6　筒斗屋架构件名称图（许剑英　制图）

安装后的各构件应连接稳固，以增强构件横向的刚度和抗风能力。凤冠斗组合规模依据载面至楹下的高度而定，有一至四叠不定。弯板有通雕构件和白胚构件，高档的宗祠以凤冠斗组合为受力构件。梁载间以云龙、狮子、大象、鱼龙等作梁垫，随梁枋饰通雕的龙、卷草等，载下装鳌鱼、人物、动物、水族等圆通雕或通雕花。楣、屋架与屋架、山墙之间用牵楣连接，在后厅前副点上大柱接矮柱之处安装的一道楣，被称作扇楣。在点金柱上大载两端各做的一道楣，被称作牵枋（即楣，也叫作枋，有的叫作楣枋）。在后副点柱与矮柱相接处做的一道牵楣，也被称作福楣。在南北厅，门楼柱与柱之间也用矩形牵枋连接。

潮汕传统民居木梁架除三载五木瓜之外，还有一种近似穿斗与穿插的穿斗式梁架，其结构形式是用多根直径较小的柱，直接从地面或石地栿处支撑屋面楹，在柱之间用横木相串，使整个构架上下左右连成一个整体，有利于抗风、抗震。对于五开间的祠堂，有的明间采用抬梁式、次间采用直梁式（图 5-3-7 ~ 图 5-3-9）。对于“四点金”民居的内隔墙，有的用木隔墙，也有的用直梁穿斗式结构形式，再在柱与柱之间做成木隔墙。

图 5-3-7　穿斗式屋架（姚艺婷　摄）

图 5-3-8　斗筒屋架（姚艺婷　摄）

三、木桁与桷片

屋面为建筑物的顶盖，构造有木桁条、桷片（椽条）、瓦屋面，装饰有嵌瓷、灰塑、彩绘等（图 5-3-10）。

（1）木桁条：是架设在木梁架、夯土墙上面，支撑桷片以承载屋面受力的构件，一般用杉木制作，杉木要选自深山野生的多年老料。木桁条截面为圆形，两端稍小，中肚稍大，俗称橄榄肚。

木桁条应先制作出桁面（钉桷片处），桁面应平直；然后把桁面向上垫平，分出桁面中心点，拍中心墨线；再依据两端中心点吊垂直线，把垂直线作为两端圆形的直径，画出两端的桁头圆形；在两端圆形的周边定点，拍墨后，先做成正八边形，再做成正十六边形，最后做成圆形。制作成粗坯后抛光，最后做榫卯。

在安装时，将屋面同一平面处的桁条用榫卯连成一条，先安明间（厅）再安次间（两边房）。在做榫卯时，中间桁头两端应延伸至屋架外边，做成窄宽的燕尾卯槽（长度为 100~150mm）；边间楹头做成燕尾榫，规格与中间楹头燕尾卯槽吻合；在安装时，边间楹头从上面放下以卡在明间桁燕尾卯槽内，这样使整间稳固，不能拉动，以保证抗震、抗风效果。

（2）桷片（椽条）：是安装在桁面上，承托屋面瓦的木板，属于屋顶木基层（图 5-3-11、图 5-3-12）。制作时，桷片（椽条）的底面和两侧面均需抛光。安装时，要先根据屋面瓦的大小分吉（分行，瓦垄是各吉之间的凸起处，吉与吉的分界），然后将其钉在桁面上。钉桷片的钉子，传统上使用竹钉。竹钉是用多年老苗竹头锯成长 60~70mm 的竹段，用斧（或刀）砍成截面 4mm × 4mm 的竹棍，削尖下端，用砂炒至微赤色后，放入花生油内浸泡 1~2 小时，捞起晾干备用。在现代基本用铁钉取代了竹钉。桷片的吉数，一般是厅为单吉、房为双吉。屋面坡度一般在 40%~45%。

图 5-3-9　鳌鱼雀替（姚艺婷　摄）

图 5-3-10　木桁条与桷片（姚艺婷　摄）

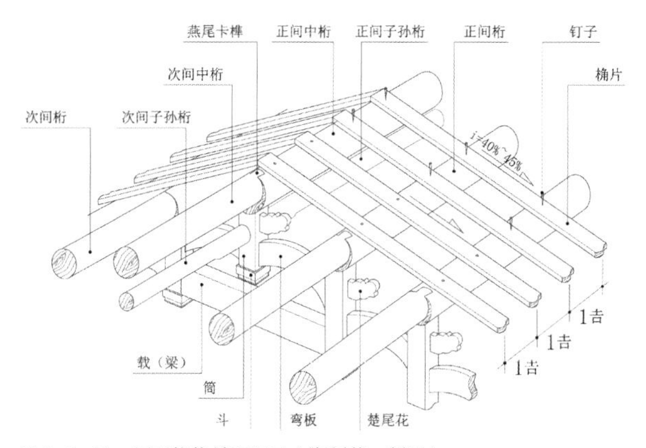

图 5-3-11　屋面桁桷关系图示（许剑英　制图）

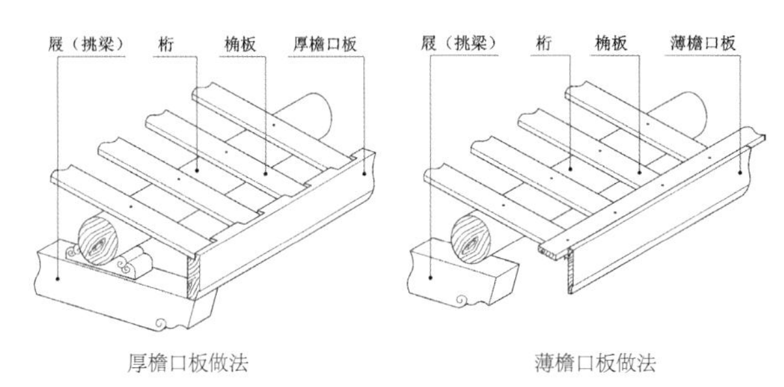

图 5-3-12　木结构檐口做法示意图（许剑英　制图）

第四节 瓦作

潮汕传统建筑屋面主要为硬山式，其施工项目主要有屋顶盖瓦、瓦垄，厝头、垂脊、中脊的砌筑、批荡、做线。

一、屋面盖瓦

屋面盖瓦、瓦槽、瓦垄的主要材料是板瓦、瓦垌，胶结材料是贝灰砂，裹垌面是纸筋灰。檐口瓦用瓦口或瓦当、滴水。屋面施工的顺序为：调制砂灰—砌筑厝头、垂带—砌筑中脊—厝头、厝脊做线—批灰—嵌瓷、彩绘—盖瓦。

调制砂灰是施工前的一项重要工序，砂灰的调制质量直接影响到盖瓦的施工和质量，所以潮汕人调制砂灰是非常讲究的。用于屋面的贝灰混合料有以下四种：

（1）粗灰：即瓦槽灰，一般是 1 ∶ 2 体积比的贝灰砂浆。

（2）细灰：即瓦垄灰，一般是 1 ∶ 1 体积比的贝灰砂浆。

（3）草筋灰：即批抹厝头、厝脊以及做线条的底灰，是用 1 ∶ 1 体积比的贝灰砂浆加入灰筋草拌制而成。灰筋草是用早稻草在灰水内浸泡半个月后，使稻草内草浆去除而剩下草筋，经晒干后而成。灰筋草在拌灰前砍成 40~50mm 的短段，用水浸泡 1~2 天后才进行拌灰。

（4）纸筋灰：是把用细筛筛好的灰粉和浸泡绵烂的草纸浆拌合而成的灰浆。纸筋灰要经过锤炼后，用水缸或木桶浸泡待用。

粗灰、细灰、草筋灰拌制的过程分为三步：第一步是按比例把砂和灰，用畚箕按体积配合比混合；第二步是用竹耙或铁耙翻滚调和砂和灰，反复几次，直至砂和灰均匀混合成干砂灰为止；第三步是把调和好的干砂灰泡水，泡水至砂、灰全湿透，用木梗或木槌锤炼几次，使砂和灰混合并且有灰泥渗出为止，再把它整理成湿砂灰堆备用。备用砂灰应保持湿润，不能缺水干燥，施工时再搓和使用。

屋面槽瓦有盖两层的，也有盖三层的（图 5-4-1）。两层槽瓦的盖法是：一般底层盖四留六、面层盖七留三，有个别高档次的屋面是底面两层槽瓦均盖八留二；三层槽瓦的盖法为底层稳瓦（屋面最底层的槽瓦，它的厚度比一般槽瓦厚）平铺，二层盖四留六，面层盖七留三。底层槽瓦铺在桷面上，槽瓦与桷之间不使用灰，在底层槽瓦面两边使用灰，各层槽瓦之间隔空，瓦槽中间不能有灰。瓦垄是两列瓦相接处用细砂灰和瓦垌滚成半圆形的垄条，瓦垄应做得大小均匀、平直顺畅、形状色泽统一，砂灰密实、光滑、整洁。

在对屋面盖瓦施工时，是从靠垂脊的一边向另一边逐槽施工，要使用长尺控制瓦槽的平直度。直尺的长度有短尺和长尺两种，宽度一般与瓦垄的高度（半圆形除外）相等（为 80mm），长尺一般长度约 2m，短尺一般长度为 0.8~1m（随各地工匠的施工习惯而定）。屋面使用的砂浆和易性要好，不会流淌。在施工时，把瓦槽瓦按要求规格铺设在砂浆面上，使用直尺侧边靠瓦槽一边侧面敲打而使瓦边成直线；再用直尺侧边压瓦面，使瓦槽面平整，瓦与下面的砂浆直触均匀；辘筒时使用直尺控制瓦垄高度，压实瓦垄砂浆，滚圆瓦垄，做成规格统一、平直顺畅的瓦垄。把瓦垄来回滚蹚使表面起浆

图 5-4-1　盖槽瓦施工图（林泽敏　摄）

密实；当水分稍收干后，再用瓦筒匙在瓦垄表面批抹贝灰浆（或纸筋灰浆），批抹至表面光滑无砂眼为止。这样逐吉施工，每施工完一吉后，均应把瓦槽的余灰清扫干净。施工完成后的瓦面不能行人，严禁踩踏。屋面使用的瓦和瓦筒在施工前一定要保持干燥，才能使砂浆和片瓦黏结力好，保证质量。所以进场的瓦片应做覆盖防水，使瓦片干燥。

屋面盖瓦施工难度较大的部位是漏母槽施工。对于屋面泄水方向改变的厝母和厝仔屋面相接处的八字漏母，以及宗祠、神庙、拜亭和后亭屋面交接处的反背船天沟，在盖瓦时均应先做好漏母槽底，确保槽底不漏水以后，再盖上部瓦面，槽瓦与漏母接触处的灰要严密，不能松动，不能渗水，瓦槽的水应顺畅流入漏母天沟。

二、厝头、厝脊

厝头是潮汕乡土建筑的山墙头，俗称“厝头角”，其形成深受“五行”学说的影响，可概括为“金木水火土、圆陡长尖平”。潮汕工匠根据建筑物所在的方位、地形、地貌、周围环境以及厝局，结合宅主人的生辰八字，按照符合五行相生法，选定山墙厝头的做法样式。潮汕传统建筑屋面的材料主要包括黏土瓦、黏土垌、红方砖、红砖条（或青砖条）、瓦口（或沟头、滴水）、草筋、草线、乌烟、贝灰、河砂，施工操作工具主要包括锄头、沙铲、灰桶、灰刀、灰匙、夹尺或长尺、半圆瓦垌匙。

潮汕传统建筑屋面厝头、中脊、垂脊的施工，是屋面工程泥工瓦作的重要施工环节，要做到质量坚固、造型美观。厝头、中脊、垂脊是整体统一施工的（总称厝头脊）。屋面瓦作工程是在厝头脊砌筑完成后再盖瓦的，其施工流程和施工工艺可分为以下几个程序：

1. 施工流程

潮汕传统建筑屋面的施工流程基本如下：

（1）施工备料，即准备贝灰砂浆、瓦片、土垌、砖条；

（2）修补墙尾，即在屋面桁条、桷片安装完成后，在山墙最上面把桁条位置填灰补平；

（3）将靠山墙处的第一行瓦槽盖完整；

（4）砌筑厝头，即按所设计厝头的造型、格局（“金、木、水、火、土”五行格局）、尺寸砌筑粗胚；

（5）铺筑红方砖飞线；

（6）铺筑垂线瓦线，做出坎线造型粗胚；

（7）中脊盖脊下槽头瓦（瓦槽在脊下面的瓦，一般瓦槽靠中脊处叫作槽头，滴水处叫作槽尾），砌中脊粗坯；

（8）厝头、厝脊批抹草筋灰；

（9）厝头、厝脊粗灰面上批抹纸筋灰面，收光成型。

2. 施工工艺

厝头、厝脊的质量要达到坚固，砌筑的材料质量最关键。因此，贝灰砂浆在施工前应进行调配、沤制、锤炼。

修补墙尾是用1∶1体积比的贝灰砂浆，把墙尾桁位填充饱满密实，与墙尾的斜坡用1∶1贝灰砂浆修平整、流畅。桁头外面用一块土瓦（盖屋面的瓦片）挡在外面，防止雨水渗入，以保护桁头。

厝头是用红砖条或青砖条和1∶1体积比的贝灰砂浆砌筑，宽度与山墙宽度相同（图5-4-2）。在砌筑时，应把靠山墙的第一行瓦槽盖完后再砌筑，砌筑的规格、造型按设计要求，砌粗坯时应退线条尺寸。铺筑红方砖飞线，是在山墙上面从下至厝头铺筑方砖，向外飞出80~100mm做成第一坎飞线；飞线上面的各级线条均用土瓦片和贝灰砂浆砌筑，各级退坎做成造型。粗胚造型完成后，用1∶1体积比的草筋灰批抹做成粗灰面造型。厝头、厝脊的粗灰成型干燥后（一般成型1~2天后），对表面洒水保持湿润，再抹纸筋灰浆收光成型。

图5-4-2　厝头砌筑（纪雪飞　摄）

第五节 石作

为了防潮、防水、防白蚁等，在潮汕传统民居和祠堂等各类建筑中，坚固、耐用的石材被广泛应用在台基、柱子、梁架等部位。包括接地和在外面受风吹雨淋的门框、阶临都使用石构件，宗祠、庙宇等庄重严肃、雍容华贵的建筑物柱子大多使用石柱；使用木柱的，其柱础也为石件，不让木构件接地。

潮汕古建筑石作主要有石柱、石门框、石阶临、石踏步、石屐、石门楼肚、石雕、天井石地面等，材性都是天然花岗石（图 5-5-1）。石匠们选用质地坚硬、细腻、石质结构紧密、可制作成材的天然花岗石，开采成各种规格的石毛坯，再加工成建筑物各部位的成品构件。

（1）石柱：多用于宗祠、庙宇等以抬梁式屋架为结构且较为庄严华丽的建筑中。石柱有圆柱、方柱、矩形柱、六角柱、八角柱、多瓣瓜棱柱、梭柱等。石柱均被安装在屋架下的不同部位，大部分为独立柱，下部入地，上部支承屋架。入地基础多为贝灰土（或贝灰砂），基础密实，锚固稳固；上部与屋架载的接触严密吻合，并以榫卯榫接，柱身垂直。

（2）石门框：潮汕古建筑大多数使用石门框，配实踏门扇。石门框由门第（门槛）、门立框（门杆）、门顶框（上框）、门臼，共六个构件组成。门框的见光处均做造型线，打制精细，表面平整、细腻、美观；背面（靠墙体）的不见光处均粗拍（不做光面），但应平直。安装石门斗时，应先安装门第，门第见光一般高出地面 4~8 寸，入地约半寸，是用贝灰土垫底，按设计的位置和分金安装平稳（一般用水平尺校平）；再用贝灰土夹住门第两边固定，使门第不会移动；门杆在门第固定后，再靠紧门第安装，门杆一般入地 100mm 左右，安装后用贝灰土夯实固定，用木条或竹竿做成与门第同样长度的尺寸，顶住两根立杆，用麻绳捆紧，控制门的上、下尺寸一致并吊垂直；再安装门顶框；门臼待安装木门页时一并安装。

（3）阶临石：是安装在檐下走廊外面（天井周边）和门楼外边的条石。条石上面和外立面均为平直、细微的粗面，外立面上阳角做半圆线；下面和内面较粗，但应平直，下部入地半寸以上，用贝灰土夯实垫底，内外夯实夹住条石。阶临石的安装应平直稳固，同一部位的平面宽度应统一。

镂空通雕

浮雕

圆雕

阴雕

图 5-5-1　石雕技法（许剑英　摄）

第六节 小木作

潮汕传统建筑小木作的范围包括木雕（有关综合定额，木雕属小木作）、木门、木窗、木槅扇、神龛、拜几等。

一、木门

木门有双开实踏门和扇门两种，双开实踏门由厚实木板制作，安装在大石门斗两边的门臼上，向室内和院内开启，向外关靠紧石门斗（图5-6-1、图5-6-2）。

实踏门又叫串板门，有暗串门和浮串门之分。厅门和门楼门通常为暗串门，门页厚为60mm以上；房门及其他小门有暗串门，也有浮串门，一般门页厚40~50mm。门页由一套完整的门板、门栊、门闩、门母（门轴）、门环组成，门板是由若干块木板拼装而成，木板之间做成企口缝，先用竹钉锚固，再用木串联结。门栊是板门内面安装门闩的厚木檩，规格是板门宽度的8%，长度是板门高度的4/6，例如1000mm宽的门页，门栊的宽度则为80mm；门闩的宽度为门页总宽度的1/10；门母是门页的攒边，连紧门板，嵌在门臼里，是门页开关的转动轴；门环是安装在门外面的拉手，多为铜质。在潮汕地区，双扇串板门的门嘴有特殊做法，

图5-6-1　木门（姚艺婷　摄）

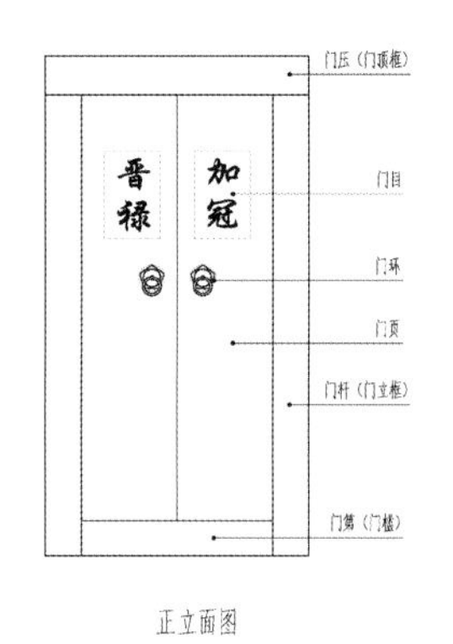

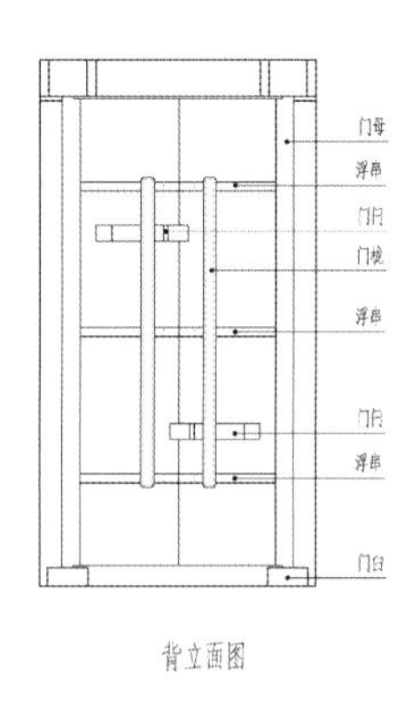

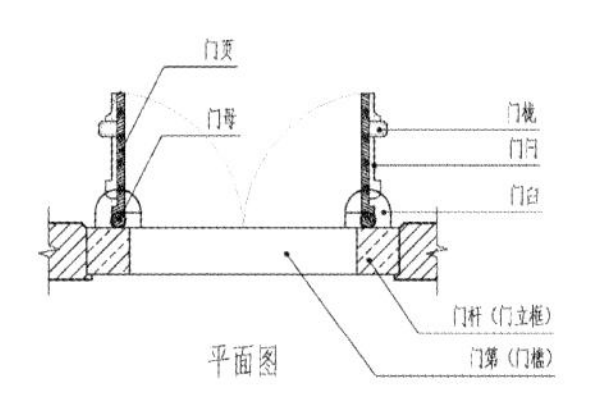

图 5-6-2　木门图示（许剑英　制图）

其凹凸做法以“龙开口虎含唇”的讲究而做，而不是以左阳右阴的做法，即左边（龙畔）门嘴做凹槽线，右边（虎畔）的门嘴做凸坎线。

制作木门的木材一般用木质较好、不易变形的木材，如杉木、柚木、红木等。在制作时，木材的干燥率应在 80% 以上，制作粗坯后，还要放置一段时间，当干燥率达到 95% 以上时，把板门拉压，使木板的接缝密实、无缝，再于木串两头加木支固定。

二、扇门

扇门又叫槅扇，是用多片门页组合安装成整幅的门，多用于宗祠的中厅前后面、后厅前面、民居“四点金”大厅以及厢房正面（图 5-6-3、图 5-6-4）。扇门作为围护作用的活动门，可任意安装拆卸。在婚丧喜庆、宴客会友时，可将其拆下，以使场地空阔，平时重新安装封闭。

扇门框由扇门槛（门第）、琴腿（抱框）、扇门楣（上槛）组合成整套，扇门页安装在门槛和门楣内面，各片独立开关。扇门页是瘦长形的门页，由扇页框和中间 4 条腰枋把门页分为 5 肚。其中有腰板 3 肚，分别装在

图 5-6-3　扇门（谢婷　摄）

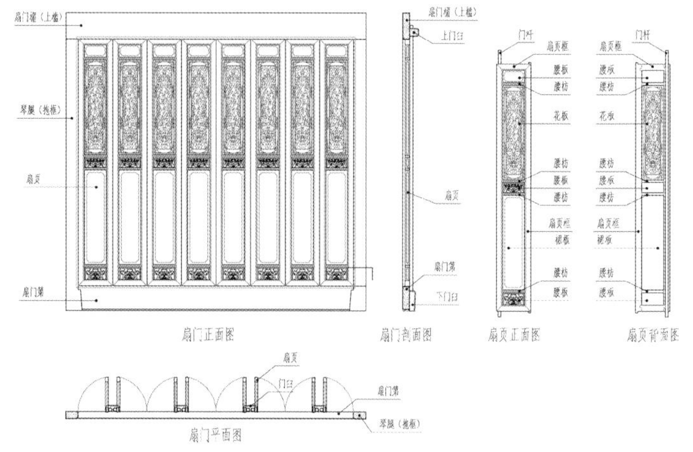

图 5-6-4　扇门图示（许剑英　制图）

门页的上、中、下，用腰枋隔开，在上、中、下连同腰枋，把门页隔成上为花板、下为裙板。在装饰上，腰板和下裙板为浅浮雕，上花板多数为通雕或多层次镂雕，也有各种图案的芯屉。负责扇门页转动的门杆，在门页内面为圆形，两端为铁脚库或铜脚库，下面枕在门臼内，上面套入上门臼。门杆上端套入上臼的长度较长，打开后可向上提而拆卸，关闭后受上门臼限制，不能上提。下门臼安装在下门槛内面，下端接地，上部与门槛关暗坎线，下部平或稍低，上门臼安装在扇门楣内面。

三、神龛

神龛有庙宇神龛、宗祠神龛、民居神龛三大类，在工艺上都是集石雕、木雕、油漆、彩绘、贴金等多种工艺于一体。

（1）庙宇神龛：是安放神、佛等神像的龛，由龛座和龛组成（图 5-6-5）。龛座一般为石座，做须弥座造型，石肚为浮雕、圆雕等；石座上面安放神像，神像外围做神龛，一般为木制。庙宇神龛不设龛门页，在石座上面、龛下部的正面做矮栏杆，龛的上部和两边做板肚和通雕花罩，板肚做浮雕或彩绘。两侧面为板肚，板肚做浮雕或彩绘，背面为龛后壁封板。龛顶为龛顶棚，做三面通雕花罩。

（2）宗祠神龛：又叫大龛，顾名思义是其形体大，高度通常在 3m 以上，被安装在宗祠大厅中间点金柱的后面，深度约二架桁位，距离后墙的 6~7 寸（20~23cm）名曰子孙路；宗祠神龛由龛脚石、龛座、龛身三部分组成，装饰部分构造复杂、名称繁多，是集雕、漆、画三种工艺于一体的精华杰作（图 5-6-6）。

龛脚石是龛座的垫脚石，是为了保护龛座不接地、不吸湿而设置的构造部分，起到防潮防湿作用，由前、后、左、右 4 条完整条石组成，外廓尺寸略大于龛座 4 脚外围尺寸；在安装时，要入地约 2 寸、高出地面 4~5 寸。

龛座是承放龛身的底座，由龛脚、裙板、肚板、面板组成；龛脚被做成狮脚形状，裙板、脚板被做成浮雕或磨光板，并做彩绘、贴金。

龛身被安放在龛座上，前面有两扇龛门页，龛门开为正面、关为背面。龛门上半部被称为门窗肚，镶木雕 8 幅；门下半部被称为光面肚，做磨金漆画。龛内有框栏、楣，楣分内楣、外楣，外楣上方有龛楣栅。花楣、楣栅均为通雕图案，题材为福、禄、寿、花鸟、人物故事等，吊角用鸾凤装饰。龛内做单数级数的木台阶，上面按祖先辈分放置“神主牌”。龛边的通雕图案被称为完门，嵌于楣间的雕刻被称为楣肚，其中外楣间的雕刻被称为外楣肚。

（3）民居神龛：又称吊龛、壁龛，被安装在大厅后面的靠墙处，龛的底面距地面高度为 5.9 木尺，宽度为架桁宽，高度至后厅墙尾桁下面，长度为厅的宽度（图 5-6-7）。龛由龛杆、龛板、隔肚组成。

龛杆是用一条笔直无杉节的优质杉木开为两片，分别做成方枋，两端埋入中厅两畔墙以固定，用短枋把两条方枋做榫卯联结，上面铺长条龛板，组成龛底；正立面做成龛隔肚，龛隔肚用支骨和肚板组成，分为五格，中心对称；中间较宽，是放置祖先牌位之处；两畔较小，为放置杂物之用。龛隔肚的肚板一般为浅浮雕或磨光漆画，龛隔肚两畔有通雕花条和吊角花，不设龛门。吊壁龛的工艺有木雕、彩绘、油漆、贴金。

图 5-6-5　庙宇神龛（陈欣　摄）

图 5-6-6　宗祠神龛（陈欣　摄）

图 5-6-7　民居神龛（谢婷　摄）

第七节 地面

潮汕乡土建筑地坪，位于宅院外埕的多用贝灰砂打夯而成，有的在大门前用条石铺成路，天井一般也用贝灰砂打夯而成。

地坪贝灰砂要分层打夯。若地基是较硬的土地，一般在平整后分两层打夯。第一层贝灰砂体积比为 1 ∶ 3，厚度为 50mm；打夯密实后再打夯第二层（即面层），贝灰砂体积比为 1 ∶ 2，厚度不小于 60mm。贝灰砂打夯，湿度以手捏成团、放开微散为度，打夯出浆，原浆抹面、收光。打夯后的地面保持湿润一星期，但不能直接淋雨。室内地坪多用传统红方砖，一般有 300mm × 300mm × 20mm、340mm × 340mm × 25mm、400mm × 400mm × 30mm、450mm × 450mm × 35mm 等规格。砖的规格大时，厚度则相应增加。

地坪砖的铺设有一定讲究，也有一定隐喻。厅堂地铺成人字形，隐喻有人气和人丁兴旺；房间地坪铺成错位丁字形，隐喻生男孩、添丁；过道和通廊地坪铺成田字形，隐喻家有田地（图 5-7-1）。方砖铺设的工艺有两种：一种是地面做灰土垫层，方砖用灰土坐浆铺设；另一种是砂垫层，方砖直接铺在砂垫层上；方砖底面不放灰，这种铺筑工艺，能使地面比较干燥，在春天的回南天不会起潮。方砖地坪为疏缝铺设，每块砖之间应留 15~20mm 的砖缝；方砖铺设完成后做清洗，湿水使砖整洁、湿润；再用体积比 1 ∶ 2 贝灰砂（半干湿灰砂）填缝，用木条挤实；填至比砖面低 50~60mm 时，再用纸筋灰勾缝、收光。勾缝时，第一次填塞的砂浆应保持湿润，红砖面应保持干燥，才能使纸筋灰面层不会干燥过快，以保证面层的光滑和砖面整洁。

厅堂地面人字贴　房间地面丁字贴

通廊地面田字贴　天井地面街巷贴法

图 5-7-1　地面铺贴（许剑英　摄）

潮汕古建筑营造

第六章　潮汕古建筑的装饰技艺

潮汕古建筑装饰主要有如下三个特点：

一是装饰种类多。雕刻有石雕、木雕等，塑造有嵌瓷、灰塑等，彩绘有平面彩绘、灰塑彩绘、门神彩绘、描金漆画等。

二是装饰范围广。门窗户扇、墙头屋脊、外墙尾、梁架，无所不有。

三是具有炫耀性。充分利用民间艺人不愠不火的用心和纯正细腻的做工，将“精致”一词的含义发挥到极限；装饰追求精雕细琢，细腻繁复，追求金碧辉煌、富丽堂皇。其炫耀财富、充分展示自我以及大胆夸耀之心表露无遗。

屋脊上的彩画、梁上的金漆木雕、门脸上的灰塑，均非常直观地显示着潮汕古建筑丰富多彩的装饰技艺。

第一节 嵌瓷技艺

嵌瓷俗称“聚饶”“贴饶”“扣饶”，是潮汕地区富有地方乡土特色的建筑装饰艺术，是以绘画、雕塑为基础，将形状各异的彩色碎瓷片，利用黏结材料黏结在灰泥上，镶嵌成各种平面、立面以及浮雕的手工艺。嵌瓷不仅不怕风吹雨打日晒，而是经过雨水冲淋之后，在阳光下更加熠熠生辉，能很好地适应当地多风雨侵蚀的气候特点。

潮汕地区自古盛产陶瓷，在建筑上嵌瓷始于明代、盛于清代，延续流传至今。彩色瓷片是用彩色瓷碗、瓷盘、瓷杯等，依据嵌瓷图案的造型、色彩选择不同瓷具、不同颜色裁剪而成。嵌瓷是一种精工细作的手工操作装饰艺术，其施工操作程序是需要先设计图案、造型、色彩；根据设计好的内容、图案，起稿画在拟制作嵌瓷部位的底面上；用草筋灰加红糖做成粗胚；最后，用纸筋灰加糯米粉、红糖调制成胶结材料将裁剪好的瓷片嵌贴成型。

嵌瓷的表现手法有平贴、浮雕、立雕等形式。平贴嵌瓷就是把裁剪好的瓷片直接粘贴在拟制作嵌瓷部位的底面上。在应嵌瓷部位（如脊堵、墙尾格堵等）墙面抹灰、批平，加上嵌瓷底地衬景颜色，画上图案草稿，然后按设计图案内容，用纸筋灰加红糖糯米浆为胶结材料，把彩色瓷面直接粘贴上去，把粘贴后的灰边收平，收光滑，使水分不易渗入，色彩与整体协调，成为嵌瓷、彩绘相结合的平面嵌瓷技艺（图 6-1-1 ~ 图 6-1-3）。

浮雕嵌瓷有层次和立体感，是嵌瓷与泥塑、彩绘相结合的嵌瓷工艺。施工时，在嵌瓷部位的墙面抹灰、批面、打稿，把浮起的部位用草筋灰（或纸筋灰）批塑粗胚，待批塑粗胚干硬后，再在批塑粗胚表面用纸筋灰加红糖、糯米浆等胶结材料，把瓷片粘贴成型，把灰缝收整平滑，上色。

立雕嵌瓷应先用钢丝或钢筋绑扎成骨架，然后用草筋灰塑好雏形，再用瓷片嵌贴，如脊上的龙、凤、狮、麒麟、脊尾加冠、楚尾等。嵌瓷内容大致有历史和传统戏剧的人物形象，以及龙、凤、走兽、花鸟、虫鱼、果蔬等题材。如装饰于庙宇、祠堂屋脊正面的嵌瓷，多使用双龙戏珠、双凤朝牡丹等题材；装饰于垂脊头、厝角头的多为神话传说、戏剧人物等内容；装饰于檐下墙壁的多是人物故事、花卉植物、虫鱼走兽；照壁上常见的有麒麟、狮象、松鹤、鹿、梅、兰、竹、菊等。

图6-1-1 嵌瓷制作（范铿 摄）

图6-1-2 屋脊嵌瓷制作——剪瓷（范铿 摄）

图6-1-3 屋脊嵌瓷制作——贴瓷（范铿 摄）

第二节 灰塑及其彩绘

灰塑与彩绘是潮汕民间广为使用的建筑装饰艺术，主要用于门外框、门楼肚、窗外框、内墙尾桁寿、山墙垂带、厝头、肚腰帕、厝脊、屋檐屐下（图 6-2-1）。灰塑工艺精细，是用草筋灰、纸筋灰在建筑物上雕塑造型；表现形式主要有灰塑浅浮雕、深浮雕、通雕、圆雕以及灰塑线条等。

立体灰塑的施工步骤是：先打骨架，用草筋灰塑粗胚，形成基本立体造型，再用纸筋灰进行物体立体造型，饰面特别是人物头部更要精雕细塑。施工时在墙壁上批浮雕或通雕的饰物和衬景；最后把预先塑好的立体造型饰物安装上去。立体灰塑的特点是玲珑剔透，层次分明。用纸筋灰进行雕塑时，粗胚雕塑环节应控制草筋灰的厚度，一般每层灰的厚度不高过 20mm，才不会因厚度过厚、收水太快而干裂。粗胚做成饰物造型后，应待粗胚造型干硬，再上细纸筋灰浆做光滑面层，修整成型。

有需上彩的灰塑，要在面层灰干硬度至 80% 时，用皮胶水掺矿物质颜料进行彩绘。彩绘底地的干硬程度，应保证彩画笔可以直接画上去、彩墨在表面不会扩散，这样彩画出来的饰品灰塑亮丽鲜艳、永不褪色。彩绘多以写实形式绘制，一般有两种，一种与灰塑、嵌瓷结合，使灰塑、嵌瓷的各种造型与之相匹配，达到更为完整统一的艺术效果；另一种纯粹是绘画形式，称为“壁画”，这类装饰画多绘于大门、门楼肚、厝头、厝脊或室内墙上。彩绘与灰塑、嵌瓷都是建筑装饰，作为姐妹艺术交替使用、互为配合和补充。

图 6-2-1　灰塑与彩绘制作（范铿　摄）

第三节 油漆与彩绘

油漆是潮汕古建筑木作的重要组成部分，它伴随着木构建筑的演变而发展。潮汕地区为沿海地带，空气湿润、炎热，木材易吸湿，油漆是对木材的保护，它隔绝了木材与外界环境的接触，保证了木材的耐久性。需要油漆的部位包括屋面桁条、桷片、屋架、雕花构件，木门、木窗、神龛、拜几等。油漆按使用材料和操作工艺的不同，可分为大漆（国漆）、退光漆、金漆木雕、熟桐油等。

潮汕古建筑中较高档的宅第、宗祠、庙宇，在木材表面做油漆、再配上彩绘，既保证了木材的耐久性，又提升了建筑物的美观度，提高了建筑档次，形成了潮汕古建筑风格的独特一派，显示了潮汕古建筑的文化内涵和工艺艺术，所以有“潮汕厝，皇宫起”的说法（图6-3-1）。彩绘是建筑的装饰艺术方式之一。潮汕地区的彩绘始于明代，盛于清代、民国，主要用于庙宇、祠堂的屋架、墙壁、门窗等。

图6-3-1　油漆彩绘（谢婷　摄）

一、大漆

大漆是以漆树的生漆为原料，经多层次油刷施工而成的漆层，是古建筑营造技艺中历史悠久、工艺复杂、质量上乘、美观耐久的油漆。大漆的施工程序分为地仗和油漆，地仗以麻布地仗为主，一般有一麻五灰、一麻六灰等；地仗的施工应在木材干燥率达95%以上后方可进行。

（1）一麻五灰地仗施工工艺：在进行一麻五灰地仗施工前，应先对要施工的木构件进行表面清理、打磨，清扫去除杂质、木毛等，将木构件调理直顺、方正，修补残损、木缝。在做地仗时，用过筛的生漆满刷木构件表面（宜薄不宜厚），再把麻布粘贴在漆面上，麻布的麻丝必须与木构件或木丝的对接缝交叉或垂直，麻层应当密实整齐、黏结牢固、搭接严密，不得露底，不得出现窝浆、干布、空鼓等现象。使用麻布应在生漆刷完后，立即将裁好的麻布粘贴上去。抹地仗灰时，应在第一道麻布粘贴牢固、干燥、无缺陷后进行，在麻层表面打磨，打磨至麻茸浮起，并对松动等缺陷进行修整，对有干麻的部位进行补浆修整，完成之后晾干，清扫干净后，刮涂瓦灰。

瓦灰是用瓦片磨成的瓦粉加入生漆而成，瓦灰分粗灰、中灰、细灰三种。粗灰层为压麻灰，在地仗麻布层完成、修整后，用粗瓦灰分层刮涂，第一遍先薄刮涂一遍，使灰头和麻布密实结合，然后再在上面刮涂几遍，至完全覆盖麻布为准，刮涂时使用牛角刷和牛角压批把压麻灰批得平、直、实。压麻灰完成、阴干后，用粗砂纸打磨，并清理掉表面浮灰，全干燥后，再精心打磨、通磨，磨至平直、圆滑，清扫干净后，再刮涂中灰（中灰是比压麻灰细的瓦粉加生漆调制而成的瓦灰），中灰层应均匀刮涂，宜薄不宜厚。中灰层阴干后用细砂纸打磨，磨平、磨滑，并清扫干净，再进行细灰层施工。细灰层是用细瓦粉和生漆配制的瓦灰，在中灰层磨平滑、清理干净后施工，细灰层刮批完成，阴干后，用细砂纸打磨，打磨后应检查，对不平整处应修补打磨，直至平整、光滑细腻为止。这样一麻五灰地仗才完成。

（2）上漆施工工艺：上漆前应用细砂纸把地仗面细磨，并清扫干净，再刮涂生漆（底漆）。刮涂生漆用牛角刷刮涂，生漆应过筛，筛除杂质，均匀刮涂，宜薄不宜厚，刮涂后用牛角压抹，把刷痕压抹平整，底漆应刮涂二至三遍，每遍都要在上一遍阴干后，细砂纸打磨并清扫干净后，再做下道工序。底漆完成后，上面漆，面漆使用熟漆，熟漆是生漆晒太阳或熬制去减水分后成熟漆，也是面漆，面漆调入矿物质颜料，精制成漆面颜色，上两至三遍面漆，每次上漆均用牛角刷刮涂均匀，宜薄不宜厚，阴干后，用细水砂纸打磨，清扫干净，再做下道工序。

在最后一道退光漆干透后，用水砂纸打磨，漆面就会光滑明亮，然后再用瓦粉和手心去擦，反复擦至光泽退去，即退光。经过退光程序之后再加两道推光滑，使漆面再次发亮，该施工工艺是推光。在漆面完成后，用明光漆薄薄上一层，是对漆面的保护，即罩光。

上漆应在空气湿度较大、不起风的环境下施工，如遇风，应围护施工。

二、桐油

桐油有生桐油和熟桐油之分，生桐油只用于木材做防水用的底漆，不能做面漆，面漆都用熟桐油。熟桐油是生桐油加催干剂熬制而成的，没有加颜料的熟桐油为透明色。木材面油桐油是传统建筑的油漆，主要工序有：地仗和上油。

地仗有一麻五灰地仗、油灰地仗和血料地仗等。木材面油漆均应在木料干燥率 95% 以上时施工。传统建筑对表面平整和光滑度要求较高者，如大门页、牌匾、神龛光板、扇门肚板等的地仗做一麻五灰地仗，对于木结构表面油漆，地仗主要有血料和油灰。一麻五灰的工序是清理基层、用油灰补木缝、打磨、清扫、修整，清理完成后，刷底油（熟桐油或腰果漆），其厚度以能够浸透麻布层为宜，底油满刷完成后，应立即将裁好的麻布粘贴上去，麻布要粘贴平整、密实，接头应整齐，使麻后用刮板将麻布刮平理顺，使麻布与底油更好地黏结。顺着构件方向进行，逐次压 2~3 遍，用劲适宜，麻层完成干燥后，检查是否密实，对有空鼓处进行修正，修整完成待干后，清扫干净，刮压麻灰，压麻灰是用熟桐油和瓦粉（或石膏粉、立德粉）调制的油灰，分层刮抹，打磨至麻层全覆盖，并且平整为止。压麻灰完成，干燥后，刮抹中灰层，中灰层是用较细的瓦粉与熟桐油调制的油灰刮抹，干燥后打磨至表面平整、无砂眼、基本光滑。中层灰完成干燥后，再刮抹细灰层，细灰层是用细瓦粉加熟桐油调制的油灰刮抹、磨滑，地仗完成检查无缺陷后，再在表面上油，油熟桐油一遍四遍成活，即底油一遍至二遍，面油二遍。

血料：血料是用猪血加石灰粉调制而成的棕色胶体。将没有加入食盐的猪血搓成血浆，用180目细筛（或筛斗）过滤掉渣滓和残血块，用木棍向一个方向慢慢搅动，同时，边搅动边加入石灰粉，不停搅动，颜色由红色逐渐变成黑褐色，随后由液体变为黏稠的胶体，颜色是红中带绿，猪血已开始凝固，放置2~3小时后即可使用。把调制好的血料，覆盖保护，不让其干硬，可长期使用。

图6-3-2　墙面彩绘之灰塑彩绘（范铿　摄）

图6-3-3　墙面彩绘之泥塑彩绘（纪传英　摄）

三、彩绘

潮汕传统建筑的彩绘，按部位主要分为屋面彩绘、墙面彩绘、木作彩绘等，按内容主要包括平面彩绘、浮雕彩绘、门神彩绘、题联字画等。

（1）屋面彩绘：是对屋脊、厝头、肚腰帕、垂带板线进行画线、彩绘，可以独立完成，也可以配合嵌瓷、灰塑等工艺完成，以丰富这些构件的装饰效果，提高建筑物的艺术档次，使建筑物更加富丽堂皇。

屋面彩绘的主要材料是牛皮胶和矿物质颜料、植物质颜料，是用牛皮胶熬水溶化后加色料调制成彩绘的颜料。屋面彩绘是在抹灰面上施工的，当屋脊、厝头批抹草筋灰底层完成，待干硬后，再在上进行彩绘工序；彩绘速度应快，操作技术应熟练，配合抹纸筋灰面进行。在施工时，先把底灰面洒水打湿，再在其上抹纸筋灰，待纸筋灰面收至八成干时（以彩绘的墨水能被灰面吸收而墨水不会扩散为适宜的湿度，保证彩绘时的湿度适应），即在灰面上进行彩绘，抹灰的速度应配合彩绘的速度。

（2）墙面彩绘：是对门楼墙肚、墙尾、后厅和花厅内墙尾等所施的彩绘，按施工工艺可分为干画法和湿画法，属于壁画工艺。干画法是在墙面底灰和面灰全部完成并晾干后进行，即在干透的底灰层上抹纸筋灰面，纸筋灰面干透后遍刷胶矾水，待干后，用丙烯加油画颜料或矿物颜料、植物颜料进行彩绘。湿画法是在干透的底灰层上抹纸筋灰面，待纸筋灰面八成干时，即在灰面上进行彩绘，湿画法的壁画耐久性更强（图6-3-2、图6-3-3）。

（3）木作彩绘：是对桁、子孙桁以及屋架、扇门、大门画门神等处所做的彩绘。中桁即栋桁，潮汕人称“楹母”，子孙桁安装在栋桁的下面垂直处，距离约1.6~2.1尺（桁面至桁面距离）彩绘以“八卦图”为主，配以锦画；“八卦图”画在中桁的中心位置，按房屋的坐向分金（房屋的坐向分金是指房屋中厅中轴线对应于罗盘的“二十四山”的名字。“坐”是指背面，“向”是指前面，“分金”是指对应罗盘的山头。如房屋向“南偏东”的，它的坐向是“北偏西”，它的面向是“南偏东”，它的分金为“壬丙兼亥巳”，如房屋“坐东北，向西南”的，它的分金为“甲庚兼卯酉”）确定所画八卦的方位，因此从中桁的八卦图也能判别房屋的分金坐向，一般是前厅中桁画后天八卦，后厅中桁画先天八卦。

（4）屋架彩绘：是对雕花构件做彩绘、贴金，对屋架、筒柱做锦画，对牵楣（福楣）做彩绘等。雕花构件若表面全部贴金，则为“金漆木雕”；若表面部分贴金、部分彩绘则为“五彩”。彩绘一般都在油漆好的木作表面进行，主要工序有起稿、打底、上色、彩绘、贴金、罩光油（面漆）等。

（5）扇门彩绘：是对扇门所做的彩绘，包括雕花堵板贴金或扇门堵板彩绘，也有同一扇门雕花贴金堵板配以彩绘堵板的。若扇门油漆为大漆，彩绘则为漆画；若扇门油漆为桐油漆，则彩绘为油画。

（6）门神彩绘：是对大门页所做的彩绘，多用于宗祠或宫庙的大门页，以古代将相人物为题材，如秦琼、尉迟恭、徐茂功、程咬金、李靖等，彩绘一般为五彩、贴金，所绘人物形态威武、栩栩如生，给人以震慑感（图6-3-4）。

四、贴金

贴金就是在漆面上贴金箔。金箔是用黄金锤成的薄片，有“红金”“黄金”之别；晚清以来，又有“库金箔”“苏大赤”“田赤金”等诸多称谓（图6-3-5）。

贴金箔是一项工艺水平较高的油漆工艺，在大漆面上贴金箔，用明漆加朱砂把要贴金箔的部分描漆底（描漆底的明漆颜色应与原漆底的颜色有所区别），待漆底干至90%左右，开始贴金箔，以保证金箔与漆底能紧密黏结而金箔不起皱且光滑艳丽、饱满为宜。在桐油油面上贴金箔，使用的油底为熟桐油加黄色（或朱红）颜料。操作过程与漆底贴金相似。贴金工艺在潮汕地区大多用在木雕、石雕、金漆画上。

金漆木雕是以樟木为主要原料进行雕刻，雕刻完成后通过打磨，使其表面光滑细腻，再进行髹漆，即在木雕表面涂上生漆，待漆干透后，再涂上一层底漆，然后再将金箔贴在木雕表面，用毛刷轻轻按压，使其牢固地附着在木雕上，最后在金箔表面涂上一层透明的保护漆，以防止金箔氧化和褪色，最终成品具有金碧辉煌的艺术效果。

石雕贴金需要经过多道工序，包括石雕的雕刻、打磨、清洁，以及金箔的选择、裁剪、粘贴等。在粘贴金箔时，需要使用特殊的胶水和工具，确保金箔能够牢固地附着在石雕表面。此外，为了保护金箔，还需要在表面涂上一层透明的保护漆。贴金工艺使石雕作品更加华丽、高贵。

金漆画，是在推光漆板上用金粉和金箔创作的画。在潮汕地区的传统民居、寺庙、祠堂等建筑中多有使用。潮汕金漆画的创作工序较为复杂，包括制作推光漆板、起稿、洒金、晕金、描金、罩漆等工序。铁线描是潮汕金漆画的一个重要特点，需在光滑的素漆面上用红漆绘好画面，待红漆将干而未干时，贴上金箔或涂抹金粉，再用特制的铁笔在画面上画出山水、花鸟、人物等的轮廓和细部，使画面呈现富丽堂皇的艺术效果。

图6-3-4 门神彩绘（范鋰 摄）

图6-3-5 贴金箔（纪传英 摄）

第四节 石雕

石雕是潮汕三大建筑工艺——“木雕、石雕、嵌瓷”之一。石雕的种类有浮雕、圆雕、多层次镂空雕、单层镂通雕。石雕多用于宗祠、庙宇的门楼肚，屋架的花胚、花篮，以及石鼓、石狮、石柱、柱础等部位。石雕的题材有花鸟虫鱼、动物瑞兽、戏曲人物、神话故事等（图 6-4-1、图 6-4-2）。

图 6-4-1　石雕制作（刘韵洁　摄）

图 6-4-2　石雕（谢婷　摄）

第五节 木雕

潮汕木雕历史悠久，始于唐、兴于宋，至明清两代技艺臻于完美，是中国著名民间传统艺术，是体现潮汕建筑精细审美品格的代表之一，与浙江东阳木雕并列为中国两大木雕流派。潮汕木雕分为圆雕、浮雕、镂通雕等（图 6-5-1 ~ 图 6-5-3）。潮汕古建筑木雕主要用于宗祠、庙宇的屋架花胚、花楣，扇门的堵板、神龛等。

（1）圆雕：为多层次立体雕，有立体的人物、动物、花鸟，厚度有 40mm、80mm 以及 80mm 以上等多层镂通，层次分明，密而不乱，雕工精细，造型美观，栩栩如生。圆雕花件多用于屋架载下、神龛等。

（2）浮雕：是把木板退地浮出雕刻图案的雕刻艺术，有浅浮雕（一般浮起高度小于 10mm）和高浮雕（浮起图案大于等于 10mm），雕刻内容为戏曲人物、花鸟虫鱼、动物瑞兽、卷花卷草、祥云图案等，多用于扇门板肚、屋架凤冠、雀替、木瓜、驼峰等处。

（3）镂通雕：是把木雕构件雕通、雕透，显示艺术品的原物造型，如屋架的弯板花、楚尾花、花篮、蟹篮等。

木雕所用木材包括优质杉木、柚木、樟木等，托地圆雕、浮雕多用优质杉木或柚木，镂通雕多用樟木。杉树材质承载强度大，具有不易腐烂和变形的优点，适于制作建筑构件，如梁、枋等；樟树有强烈的樟脑香气，是天然的防虫蛀材料，加之木质软、纹理细，因而适宜做精细雕刻。樟木不如紫檀、酸枝等木的木纹优美和色泽鲜明，于是潮汕匠人充分发挥聪明才智，将木构件雕刻后，再涂金漆、贴金箔，使其既具有不易变形的性能，又可防虫蛀，更是极大地丰富了建筑装饰效果。本已精美的木雕艺术品经过油漆和贴金，便是潮汕传统金漆木雕。

图 6-5-1 木雕修复（纪传英 摄）

图 6-5-2 木雕制作（纪传英 摄）

图 6-5-3 潮汕木雕（陈坚涛 摄）

潮汕古建筑营造

第七章　潮汕古建筑的材料与工具

第一节　木作材料与工具
第二节　瓦作工具
第三节　石作工具
第四节　油漆作工具
第五节　土作工具

潮汕传统建筑行业分为木、石、瓦、泥、油漆五行，对应的材料分别是木、石、瓦、泥、油漆五类，每类还可以按照材型和规格等进一步细分。在对这些原料和材料进行加工与安装时，需要若干相应的工具。

第一节　木作材料与工具

潮汕传统建筑的木作材料主体取自杉木，优质柚木、樟木等主要用于木雕。

木构件在制作前应先选料，原则是依据材料使用的部位，按主次、长短、大小分别进行。每座建筑最主要的材料是中厅的中桁（桁母），做桁母的材料选自原杉，就是种植后直接生长起来的杉木，并且树干顺直、木质坚硬，是杉木的老杉，不是被砍后再从根部生长出来的杉笋（萌蘖木）头段。其次用料是屋架栽、木柱、厅桁、房桁。

木作工具可分为大木工具和木雕工具，大木工具主要有定量类、画线类、加工类、辅助类等，木雕工具主要有方凿刀、方湖刀、圆凿刀、挠凿刀、雕刀、毛尾刀共六种。其中，画线类工具主要有墨斗、折尺、角尺（图7-1-1），加工类工具主要有斧头、凿子、锯子、铁锤、刨、刮刀等（图7-1-2～图7-1-8），辅助类工具主要是三脚马。

图7-1-1　墨斗（谢婷　摄）

图7-1-2　斧头（谢婷　摄）

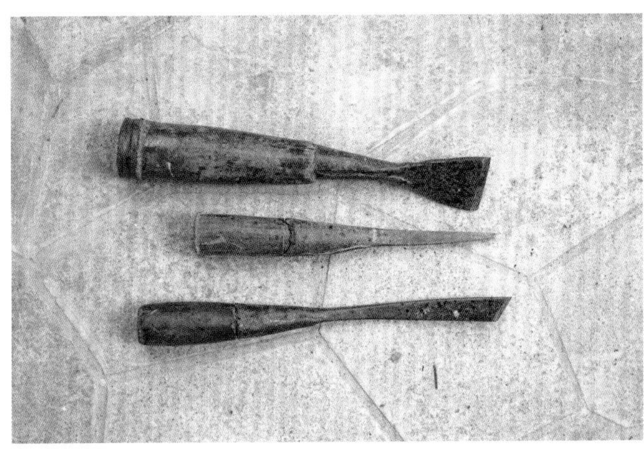

图 7-1-3 凿子（谢婷 摄）

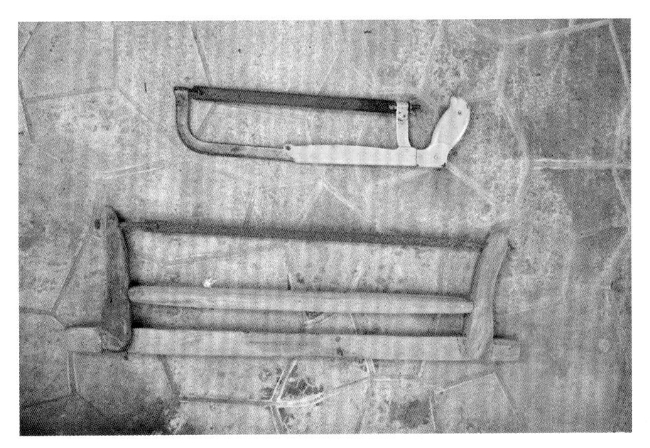

图 7-1-4 钢锯、弓锯（谢婷 摄）

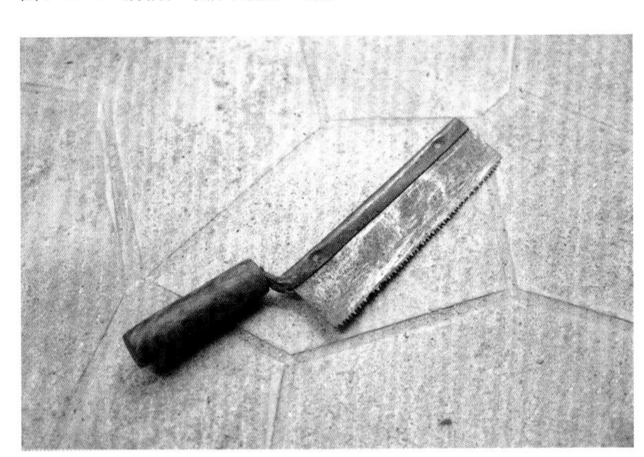

图 7-1-5 串锯（谢婷 摄）

图 7-1-6 刨（谢婷 摄）

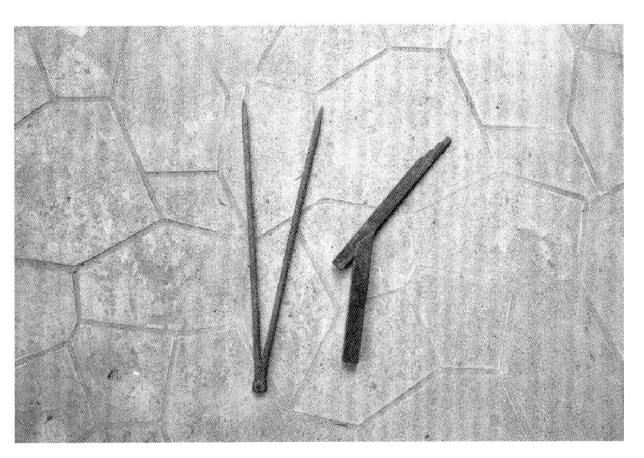

图 7-1-7 圆规（谢婷 摄）

图 7-1-8 刨刀（谢婷 摄）

一、定量类工具

顾名思义，定量类工具是指木作中进行尺度量取的木工尺类，主要有篙尺、木尺、门光尺。

1. 木尺

这里所指的木尺是传统营造中木工所用的测量工具。

木工有大木、小木之分，大木即构架系统，小木包括门窗、天花藻井、挂落隔断等装修。木尺用于度量建筑的宽度、深度、高度等数值，又是建筑中各行各业的常用工具。

木尺是潮汕地区营造用的标准尺，其长度是 1 木尺 =298mm 或 297mm，刻度是十进位，一尺等于十寸，一寸等于十分。营造使用的“篙尺法”就是以这种尺子为标准的。

营造尺度设计的确定，是以木尺为单位标准，以设计尺度满足“压白”为吉数，所谓“压白”，就是所取数值落在尺白或寸白吉星数上。

什么叫“尺白”？“尺白”就是在“尺”的一至九共九星数字中，要符合吉星数。这九星分别为一贫狼、二巨门、三禄存、四文曲、五廉贞、六武曲、七破军、八左铺、九右弼。其中贪狼、巨门、武曲、左铺、右弼共五星为吉星，其余为凶星，也就是尺数为一、二、六、八、九时为吉数。

什么是“寸白”？“寸白”就是“寸”的一至九共九星数字中，要符合吉星数。这九星分别为一白、二黑、三绿、四碧、五黄、六白、七赤、八白、九紫。其中的白星为吉星，紫为中吉，其余为凶星，也就是寸数为一、六、八时最吉。

2. 篙尺

在潮汕地区传统建筑的五行中，一切都服从于木工，就是在营造中的各种尺寸都要以木工所用的篙尺为准。

木结构古建筑建造的一般流程是：领头木匠师傅做好篙尺木板，并在其正反两面标上刻度，画上标记图案，每面的左右两边都有，如此就形成了篙尺。确认立柱的长短，建筑物的面宽、进深以及室内、室外的高度，包括脊高、柱高、桁高、檐高等尺寸都标明在篙尺上。一幢建筑物用一条篙尺，这条篙尺上的尺寸也只是供这座建筑物使用。当木工师傅确定了篙尺后（当为“落竿”），一根篙尺解决了建筑所有部位的尺寸。在建筑营建中，木工们根据篙尺上的刻度和标记图案，就能对木材的大小、长短进行取料，加工成型，甚至榫卯孔洞的位置、形状和大小，梁柱等构件的尺寸，也能依据篙尺的标记来确定，并在上面进行打凿加工。

3. 门光尺

在潮汕地区古建筑营造中，还有一种与设计营造有关的尺子叫作“门光尺”，也就是鲁班尺。门光尺长度为木尺的 1.44 倍，其尺间有八寸，一寸相当于木尺的一寸八分，八寸分别为“财、病、离、义、官、劫、害、本”八字。其中“财、义、官、本”四字为吉星，其余为凶星。

二、木雕工具

潮汕木雕工具除了雕刻时使用的叩槌、凿刀、锯等之外，还有一套包括选材料、取木坯、做造型的配套工具，如弓把、磨刀石等。

1. 叩槌

叩槌即敲凿子的硬木敲槌，被称为叩槌。通常用龙眼木制槌肉、用什木做把手，是打坯、叩线（浮雕的轮廓）的重要工具（图 7-1-9）。

图 7-1-9　叩槌（谢婷　摄）

2. 木雕刀具

木雕刀具包括方凿刀、方湖刀、圆凿刀、挠凿刀、雕刀、毛尾刀共六种（图 7-1-10）。刀刃宽度从 50~60mm 到窄如钢丝，以便于雕刻过程中对各种不同形状和尺度的操作。

（1）方凿刀：即平口刀。方凿刀的刀刃是平面的，主要用于雕削平面的形状。如楼台亭阁的屋顶、瓦片、梁柱，以及浮雕的底层表现等。

（2）方弧刀：刀刃稍弧形，是镂凿形象粗坯的重要工具之一，善于表现稍有弧度的形状，如人物头部、肩膀等。

（3）圆凿刀：刀刃弧形，是镂凿形象粗坯的工具，用以表现较圆的形状，如梅花瓣等。

（4）挠凿刀：刀口翘起，与刀梗形成一定角度，用于削平其他刀不能触及的深层地方。

（5）雕刀：刀刃呈锐角形，在操作时如执笔般灵活走动，用于刻画线条、花纹，如衣褶、叶子的脉络等。

（6）毛尾刀：是镂空雕刻的特制刃刀，形成长锐角形，用于侧面的造型刻画，如雕削树干的分杈等。

图 7-1-10　木雕刀（谢婷　摄）

3. 配套工具

（1）锯：又叫藤锯、钢线锯，是垫地浮雕中锯通“石隆”纹样等的专用工具。

（2）磨刀石：是用于磨锋利刀刃的石块，分为粗石、红石、乌石三种，其作用分别是粗石“去铁”、红石“生刃”、乌石“起光”。

（3）弓把、夹子：是起草图、量比例或当圆规用的工具。

（4）钻，方钻。

三、木作工具

有斧头、锯、刨、凿、钻、铁锤、雕刀、尺、马椅等几大类，每大类都按功能的不同分为各种操作工具：

斧头：用于砍、削和制作桁条、槫条的工具，依据各地工匠的使用手法有各种造型，有斧口宽、斧背窄，有斧口弧和斧口直，有大、小、轻、重等各种各样的斧头。斧头由斧头肉和斧头柄两部分组成，斧头肉用金属制作，斧头肉钢水好，斧头背无钢水，斧头柄由质地细且坚硬的木头制作。

锯：断锯（潮汕叫水截）用于把长条的大木截为短木段之用，锯木时应双人操作。

手锯：单人单手操作的锯，有截锯（锯细小支骨、木条）、榫锯（做木榫用）、线锯（锯圆形、弧形用）。

刀锯：由刀刃和刀把手组成，刀刃前细、后大，造型像刀，把手装在刀的大头处，把手后面做有抓手的眼，操作时手握在手眼处。

第二节 瓦作工具

一、常用工具

瓦作常用工具包括锄头、沙锤、铁锤、铁錾、畚箕、竹耙（或铁耙）、灰槽、灰桶、墨斗、水平尺、平水管、灰筛、梗（炼灰工具）（图 7-2-1）。

图 7-2-1　水平尺（谢婷　摄）

二、夯墙工具

夯墙工具主要有墙锤、墙板（墙成型的模板）、塗趺（表面压实、收平用）、吊线坠砣、钉擦（木板上钉铁钉，铁钉尖头出木板面 3~4mm）（图 7-2-2、图 7-2-3）。

图 7-2-2　墙锤 1（林泽敏　摄）

图 7-2-3　夯土墙（林泽敏　摄）

三、砌砖工具

砌砖工具主要有砖刀、坠砣、灰匙、航绳、板匙（图 7-2-4、图 7-2-5）。

图 7-2-4　坠砣（谢婷　摄）

图 7-2-5　灰匙（砌砖用）（林泽敏　摄）

图 7-2-6　板匙（谢婷　摄）

四、抹灰工具

抹灰工具主要有 2m 长直尺（控制瓦垄的平直）、80cm 长夹尺（包垌裹垄用）、大灰匙、半圆瓦桐匙、灰槽（或灰桶）、扫把（清扫瓦槽底剩灰）、板匙（图 7-2-6）。

五、嵌瓷工具

嵌瓷工具主要有剪瓷钳、灰匙（大灰匙、细灰匙、尖头灰匙、平头灰匙）、灰板（灰板带手把，可盛灰、调和灰）、铁锤仔、画笔、毛刷、灰桶、竹篮（放瓷片及工具）（图 7-2-7、图 7-2-8）。

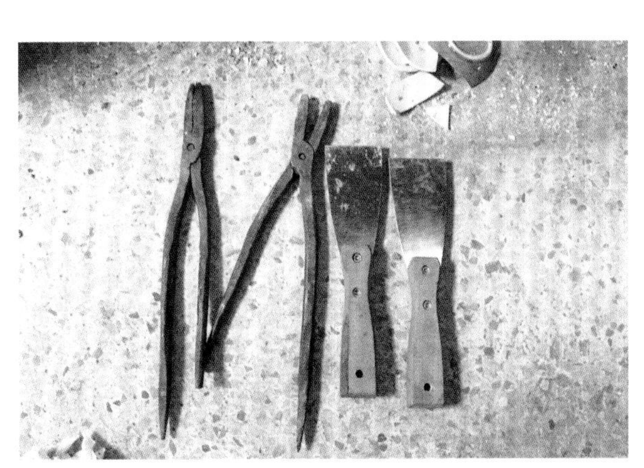

图 7-2-7　剪瓷钳（谢婷　摄）

图 7-2-8　灰匙（嵌瓷用）（谢婷　摄）

第三节 石作工具

石作工具主要包括斧头、铁锤、铁錾、铁凿。其中，斧头用于剁石面，有单面斧和双面斧；铁锤分为圆锤（打击铁錾用）、方锤、花锤、双面锤 4 种；铁錾分为大錾、细錾、圆錾、扁錾、方錾 5 种；铁凿包括锉刀、铁楔（劈开石料用）（图 7-3-1 ~ 图 7-3-9）。

图 7-3-1　石雕凿子 1（辛琳斌　摄）

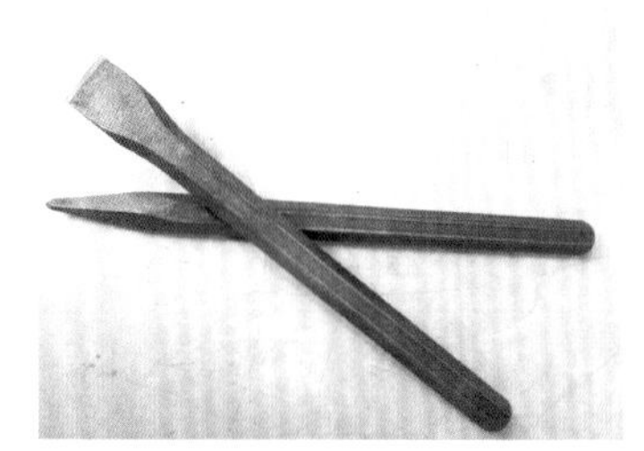

图 7-3-2　石雕凿子 2（辛琳斌　摄）

图 7-3-3　石雕凿子 3（辛琳斌　摄）

图 7-3-4　石工锤与凿子（辛琳斌　摄）

图 7-3-5　汉白玉石料（辛琳斌　摄）

图 7-3-6　黄锈石石料（辛琳斌　摄）

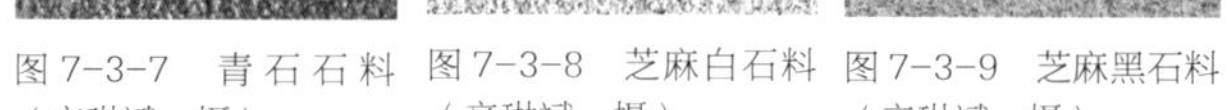

图 7-3-7　青石石料（辛琳斌　摄）

图 7-3-8　芝麻白石料（辛琳斌　摄）

图 7-3-9　芝麻黑石料（辛琳斌　摄）

第四节 油漆作工具

油漆通用工具包括料灰刀（有4寸、3寸、2寸、1寸、半寸等多样）、刮刀、毛刷（4寸、3寸、2寸、1寸等大小多样）、砂纸（粗、中、细多样）、筛斗（过滤血料用）。

大漆专用工具是用牛角专制的工具，有角刷（牛角夹牛毛）、角批（牛角一头大一头小，大头做斜口）、牛角压批（两头大小相同，中间缩细，做抓手位用于压平油漆的接痕，可批可压）、灰筛（筛瓦粉用，分粗、中、细三样灰筛）。大漆主要工具还有漆槽、漆搅。（图7-4-1～图7-4-4）。

桐油工具除油漆通用工具外，就是各种规格的排刷、毛刷。

图7-4-1　角批、角刷（林泽敏　摄）

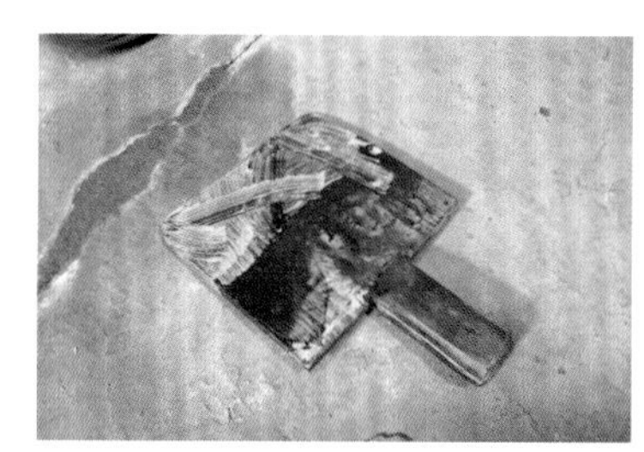

图7-4-2　牛角压批（林泽敏　摄）

图7-4-3　漆槽（林泽敏　摄）

图7-4-4　漆搅（林泽敏　摄）

第五节 土作工具

土作工具有夯、硪、拐子、铁拍子、搂耙、铁锹、镐、筛子等。

舂基础的主要工具是墙锤、塗跌、夹墙板、锄头、砂铲、竹耙（铁耙）、畚箕、麻绳、架椅等（图 7-5-1 ~ 图 7-5-7）。

图 7-5-1　夯土墙立杆（林泽敏　摄）

图 7-5-2　夯土墙模板（林泽敏　摄）

图 7-5-3　夯土墙支模与竹竿（林泽敏　摄）

图 7-5-4　夯（谢婷　摄）

图 7-5-5 夯土墙（林泽敏 摄）

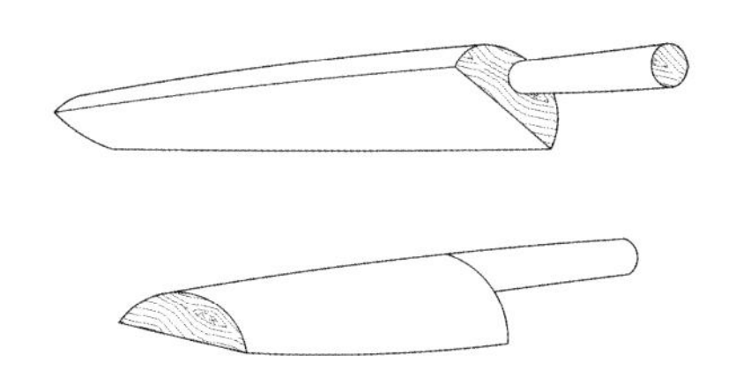

图 7-5-6 夯土工具——压灰板（塗拍）（许剑英 制图）

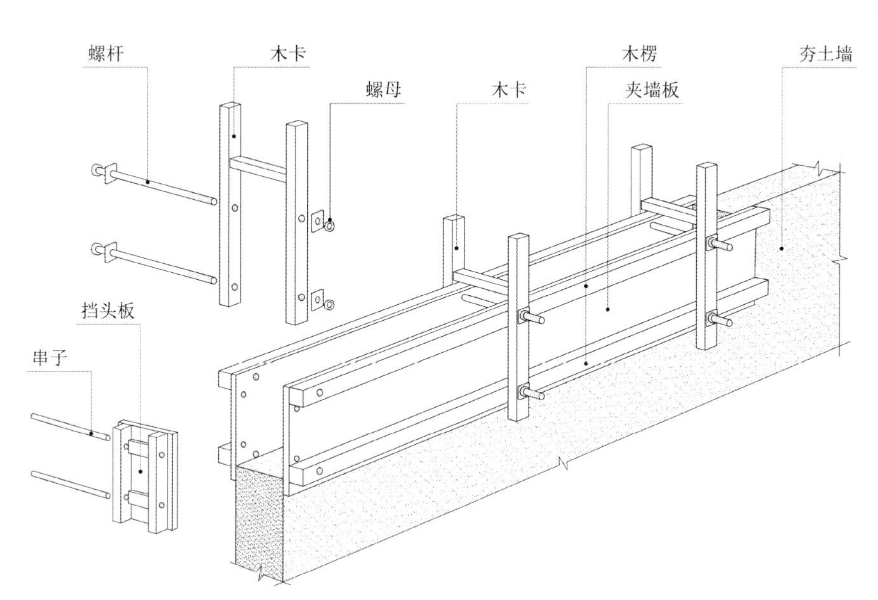

图 7-5-7 夯土墙模具（许剑英 制图）

潮汕古建筑营造

第八章 潮汕古建筑营造的文化、民俗与传承

第一节 潮汕村落文化

第二节 潮汕的营造习俗

第三节 传承人

第四节 传承现状与现代传承模式

第五节 传承技艺种类及其要点

安

第一节 潮汕村落文化

潮汕乡村聚落四周青山绿水，修竹掩映，一棵棵榕树树身粗大，盘根错节、绿叶婆娑、苍茂挺拔，宛如一柄柄巨伞舒张在乡村中的一栋栋白墙灰瓦之上。在这里人们一跨出门槛就能碰面，长幼路遇彬彬揖让，巷头厝里诵读之声琅琅，老人在这乘凉、驻足；冬天这里可晒太阳，品工夫茶；夏天可纳凉，弹奏潮州弦诗。溪边、池旁常常安有石步阶，每天清晨，女人们聚在一起洗衣，交头接耳，细说世间俗事。这种向内的团聚空间在潮汕乡村是人们日常生活的集结点，在这里活动的人们感到悠闲、祥和，感到邻里亲近，从而极易产生归属感、认同感，进而建立向心秩序和邻里观念。俗语说“金厝边（邻居）银亲戚”，祥和、温馨，充满着邻里亲情的乡村生活，使潮汕人聚族而居的观念得到强化（图 8-1-1 ~ 图 8-1-3）。

图 8-1-1　潮汕村落（王裕生　摄）

图 8-1-2 潮汕村落祭祀活动（王裕生 摄）

图 8-1-3 潮汕村落民俗活动（王裕生 摄）

第二节 潮汕的营造习俗

一、营造习俗

在营造建筑时常常采用“激励”机制“进行斗工”，也就是在营造时主人一般都请两班工匠，以中线为界，按左右分“龙畔”“虎畔”各半，事先讲好所做的内容、形式和工艺方面的要求，用挡板（草席等）将两班师傅隔开，互不窥视，各展其技；完工后，进行品评，优胜者可得到“标尾”（额外赏金），有时主人所赏“标尾”金额会高于原来的工价，不少艺人为了争高低而不遗余力。正是这种充满着斗技、斗艺的竞争环境，激发了民间艺人的进取心，提高了技艺，于是出现了一种有趣的现象：在一座民居内存在内容、形式一样而风格、意趣表现不一，甚至是大相径庭的建筑手法，泾渭分明，但珠联璧合。

以这种方法营建的民居在潮汕很普遍，特别是清光绪至民国年间更甚，从小到大的民居都有，有的连一个大神龛的两扇龛门都请两位工匠做。这样的竞争机制创造出了不少精彩作品，促进了潮汕乡土建筑营造水平的提高。

二、施工习俗

潮汕民间信仰道教，崇拜神灵，每逢年节、初一、十五都要祭拜神灵。对于建屋造作，更为讲究。造屋（起厝）首先依据朝向选择有利年份，再请风水先生选址择向，结合主人的生辰八字定好房屋的分金坐向及开工吉日。开工时应先请土地神，安土地爷神位，祭拜后才能开工，请土地爷保佑工程施工顺利、施工安全，每月初一、十五和重要的施工节点都要祭拜，至工程完工，入宅时，选个吉日，拜谢请出土地爷（民间称“谢土”）。安土地爷神和谢土地爷一般都以“三牲、粿品、大橘”等为主要拜品。房屋建造一般有几个主要节点都要择吉日、选良辰，并举行仪式。

（1）地基开挖完成，做基础前，在完成的基底土上放“五谷种子（早谷、早菜籽、绿豆等）、酒饼（酵母）、五样好花（如石榴叶、竹叶、龙眼叶、春草、抹草等好意头的植物的叶子）”，比较讲究的还要放“犁头生铁和旧渔网”（由风水先生定）。五谷种子、五样好花、酵母安放完成后才做基础（图8-2-1、图8-2-2）。

图8-2-1 潮汕营造习俗——五谷种子（林泽敏 摄）

图8-2-2 潮汕营造习俗——五样好花（林泽敏 摄）

（2）安装大门（门楼门、大厅门）：安装大门应先选吉日良辰（由风水先生先选定）。准备工作完成后，在选定的吉日良辰把门第（门下坎）安装好，由风水先生用罗盘校准分金坐向，用贝灰土或砖块把门第固定，确保不会走动，然后再安装两条门杆（立框），最后再安装顶框。在立框上面与顶框相邻处压上红布和钱币，顶框正中贴上“安门大吉”红纸条。

（3）升楹母（安装大厅中楹）：安装中楹应先选好吉日良辰。大木工匠应在安中楹前把中楹制作完成，在选定的吉日良辰前把中楹摆放在大厅中间，把一切准备工作做好，祭拜土地爷，中楹两头吊米筛、簸箕一副，以及好花、红布等，楹中间绕中楹一圈扎上红布。上中楹时，请族内有威望的老人主持上楹仪式，做“四句”（念四句吉祥诗句），燃放鞭炮，把楹母归寿（中楹吊装到位）。

（4）做灶：做灶也应在风水先生选好的吉日良辰施工。做灶时，灶肚放入“五谷种子、酵母、五样好花、钱币、油灯（油灯点亮）”，然后再砌筑，把种子、酵母、好花、点燃的油灯砌在灶肚内。

（5）打油火：入宅之前，选择吉日，一般在晚上，由主人请师公（法师）来屋内做法一次，驱去室内邪煞之物，以求全家居住平安。没有经过打油火，便搬进去居住的，叫作借住。

（6）入厝（入宅）：房屋建造完成后，由风水先生择日入宅。入宅前，先拜谢土地爷，再举行入宅仪式，并办宴席宴请亲朋好友。

第三节

传承人

一、纪传英

潮汕古建筑营造技艺国家级代表性传承人纪传英先生，是一位凭借勤奋读书、刻苦钻研而自学成才的建筑师。

纪传英，1944年出生于广东汕头，任中国民族建筑研究会常务理事、汕头市建筑学会理事、广东传统建筑专家委员会专家、广东建设职业技术学院客座教授，同时任中华书画研究会会长、汕头画院画师、中国版画家协会会员。2008年获评“中国民族建筑事业优秀人物”；2009年被中国民族建筑研究会授予“中国营造技术人物传承奖”；2010年被授予“中国民族建筑杰出贡献奖”（特别贡献人物）；2011年获评“罗哲文奖”（十大杰出人物）；2012年被评为“中国民族优秀建筑营造技艺大师”；2014年修复新加坡粤海清庙项目获“联合国教科文组织亚太文化资产保存优异奖”，同时获得新加坡国家“旧建筑修复工程奖”；2016年成为广东省首届传统建筑名匠；2017年被评为汕头市非物质文化遗产“潮汕古建筑营造技艺”代表性传承人；2020年获广东省非遗代表性传承人的称号；2024年2月被列入第六批国家级非物质文化遗产代表性传承人推荐人选名单。

潮汕建筑在中国传统建筑体系中，有其独到的特色和气质，“下山虎”“四点金”“驷马拖车”“百鸟朝凤”等传统民居建筑在潮汕地区比比皆是，加上散布在乡间各地的祠堂庙宇建筑，形成了独树一帜的潮汕建筑文化。这些建筑的形制、布局、工艺透露了丰富的人文和历史信息。潮汕彩绘、泥塑、木雕、砖雕、壁画、油漆、嵌瓷、灰塑画，蕴含大量精雕细琢、繁复密集的传统工艺，每一处老宅都展示了潮汕传统工匠的造诣。

纪传英从小在这样的民居里长大，对这些建筑充满情感，精巧装饰中的题材、色彩、构图成为他青年时期走上美术之路的最好教材，他在潜移默化中滋养了艺术修为。1968 年，24 岁的纪传英从美术界转身进入建筑行业。从美术转行到建筑后，纪传英从最基础的小工做起，干过泥工、木工、油漆工、木雕、彩绘等工作，凭借出色的美术基础，他的工资级别被评定为五级。积累了丰富的古建筑营造经验。业余他对木刻产生了浓厚兴趣，还参加了澄海木刻培训班，后来作品多次出国展出，并在《人民日报》《美术》《光明日报》《羊城晚报》等报刊发表。其中，木刻作品《岭南春雨》选入文化部、中国美术家协会举办的 1983 年全国农民画展进行展出。

这一时期，他开始重新审视潮汕建筑之美，考察潮汕地区许多著名的老建筑，那些从清末保留下来的潮汕民居老宅精美绝伦、气度不凡；大量散落在乡间各处的祠堂庙宇历史更为久远，这些明清时期建筑上的雕梁画栋，生动地将时光定格在每个建筑细节中，呈现了潮汕工匠的高超技艺。

纪传英被其中的工匠精神和美学蕴含深深吸引，他跟随澄海彩绘、泥塑名师陈清标学艺，并自学了大量古建筑理论知识，广泛涉猎了潮汕古建筑中涉及的众多艺术门类，在日复一日地钻研中，他渐渐地爱上古建筑艺术。在长期创作实践中，他融合南北派之长，大胆创新，灵活运用嵌瓷、金漆木雕、泥塑等潮汕传统工艺，力求使精致细腻的潮汕工艺与每一个建筑的风格气质交相辉映，展现出建筑最美的一面，从而在潮汕古建筑和仿古建筑领域开创出纪传英风格。他潜心于中国古典建筑营造学的学习和实践，四处拜师学艺，还曾师从嵌瓷大师许梅三先生等名家。从此，他决定全身心投入潮汕古建筑的研究、学习和实践之中。

在纪传英先生的言传身教和传承弘扬下，广东纪传英古建筑营造有限公司于 2021 年被评为国家级非物质文化遗产“潮汕古建筑营造技艺”保护单位。

二、潮汕古建筑营造技艺传承谱系

第一代传承人：陈阿歪（生卒年月不详）澄海北门仔人，清代中末期潮汕古建筑匠师。主要传承地域在澄海，有徒弟陈清标等。

第二代传承人：陈清标（1909—1992），澄海人，15 岁开始师从陈阿歪习艺。从事该技艺近 60 年，是澄海知名古建筑匠师。

第三代传承人：纪传英 1944 生于汕头市周厝塭，正高级工程师。1968 年开始师从陈清标（古建筑营造技艺）、陈惠深（大木制作技艺）、许梅三（嵌瓷技艺）、许睦琰（彩绘技艺）等。

第四代传承人：

纪雪山，1972 年生于汕头市，纪传英长子，工程师。“潮汕古建筑营造技艺”市级传承人，跟随父亲纪传英从业 32 年。协助纪传英完成了潮汕古建筑修复、仿古建筑营造多个项目并获奖。

纪雪峰，1974 年生于汕头市，纪传英次子，高级工程师。“潮汕古建筑营造技艺”市级传承人，跟随父亲纪传英从业 30 年。其主持的潮汕古建筑修复、仿古建筑营造多个项目获奖。

纪雪飞，1977 年生于汕头市，纪传英女儿。美术专业，“潮汕古建筑营造技艺”区级传承人，跟随父亲学艺 17 年，参与该公司承接的古建筑营造设计项目。主要负责该公司非遗项目的保护传承工作及学术交流传播活动。

第四节 传承现状与现代传承模式

一、教育与培训机构

纪传英公司作为国家级非遗项目“潮汕古建筑营造技艺”保护单位，近年来，与部分高校在非遗人才培养、传承、发展方面积极寻求合作。在广东建设职业技术学院设立“广东省传统建筑名匠工作室”，启动“现代学徒制”人才培养合作计划。在汕头职业技术学院设立“纪传英技能大师工作室”，与该校合作设立“广东省非物质文化遗产工作站（潮汕古建筑营造工作站）”分别与嘉应学院、汕头职业技术学院设立“传统建筑修缮与保护”大学生社会实践教学基地，让建筑专业的学生到公司实习、就业。

二、“非遗工园”

“非遗工园”，是以潮汕古建筑非物质文化遗产博物馆为中心，打造集园林景观、非遗博物馆、非遗体验基地、古建筑非遗教育中心、非遗文创基地、古建筑研究院、非遗技艺工坊于一体的产学研基地。项目将推动文化和旅游深度融合，借助园区展现非物质文化遗产项目，带动相关产业发展。并促进更充分更高质量就业，赋能非遗产业化，带动乡村振兴。顺应国家发展要求，提升侨乡文化功能，更好地服务国家发展战略。讲好潮汕故事，打造文化旅游融合“城市文化名片”。

“非遗工园”融展览、展演、互动、交易、培训为一体，在优秀的非物质文化遗产和人民群众之间搭建交流平台，让民众在参观、体验过程中切实领略非物质文化遗产的独特魅力。项目的建成将在非遗文化传播、古建筑研究、非遗传承、创新发展、促进就业等方面起到积极的推动作用。赋能非遗产业化，带动乡村振兴（图 8-4-1）。

三、专业化的古建筑公司

在20世纪后期，古建筑公司招工培养的一批工匠，现在大多已退休，对手工艺传承影响较大。现在一般工匠综合能力不足，虽掌握了一定的传统营造技艺，但是在新环境下，特别是新工具的影响下，传统技艺很容易流失。因此，古建筑施工乃至设计人员的保护已经是个十分迫切的问题。

古建筑营造师纪传英，自20世纪60年代末，随师学艺，并开始涉足古建筑行业。从个体修建队，发展到以他的名字创办的“广东纪传英古建筑营造有限公司”。纪传英团队坚守传统建筑文化，汲取潮汕历代能工巧匠的智慧，完整保留了潮汕古建筑的优秀技术工艺经验。作为该非遗项目保护单位，公司内有国家级、省级、市级、区级代表性传承人，传承谱系脉络清晰，后继有人。

纪传英公司在广州、江西均设有分公司，业务范围覆盖南方各省市及东南亚国家，业务类型除潮汕传统建筑外，还有广府、客家等建筑风格。召集擅长各地建筑风格的能工巧匠营造不同建筑类型。

作为专业古建筑工程公司，纪传英公司现拥有一批优秀的施工管理、仿古建筑专业设计人员。工程施工技术人员专业涵盖泥、瓦、石、木、油漆彩绘等整套古建筑施工技艺。作为项目管理经验丰富，施工队伍技术精湛的专业古建筑施工管理团队，多年来承接了国内外多项古建、园林工程，得到了广大业主及文物专家的一致好评。

图8-4-1 “非遗工园”

第五节 传承技艺种类及其要点

一、建筑修缮工程中的传统技艺传承

（一）修缮中的贝灰夯土墙工艺

1. 秘密交通线汕头交通中站修缮中的贝灰夯土墙工艺

汕头交通站旧址作为现存中央交通线革命史迹的珍贵建筑物证之一，得到汕头市和金平区党委和政府的重视和保护，先后列入区、市、省、国家级文物保护单位。该建筑属近现代建筑，结构类型为框架结构，在这种结构的基础上体现潮汕特色的贝灰夯土墙工艺。

交通站旧址修缮，除了恢复当年海平路 97 号“华富电料行”的原貌外，还将隔壁的 99 号至 101 号建筑开辟为陈列馆，全部面积有 500m^2。此次修缮工程以修缮和局部复原为主，按照“不改变文物原状”的原则，严格使用传统材料和传统工艺进行施工。

在施工过程中，对建筑外廊沿街的 8 条圆柱和外立面，进行重点保护、保留原状。由于建筑整体抹灰剥落较严重，其中东南立面尤为明显，以及女儿墙残损、缺失现象严重，在修缮建筑立面时，均采用汕头当地的抹灰材料进行贝灰抹面，按原有样式修缮女儿墙。对屋面的钢筋混凝土板，在清洗干净后用细石混凝土找平，对周边天沟从中间高出 100mm 做排水坡度，抹 1 ∶ 2 的水泥砂浆对表面批光滑。将天面板与女儿墙交界处的防水砂浆和沥青，铺至女儿墙高出天面板 200mm 以上，女儿墙与天沟交界处做成半圆阴角。

对建筑正面搭设的钢结构，用内外支撑对保留部分进行加固；对后加墙体、破损墙体、破损梁柱进行拆除。在清除风化脱落的面层并清洗干净后，用环氧树脂进行压力注浆加固，保留正立面上方的方柱，对原有已丧失结构承载力的方柱、梁，进行拆除清理，并重新按照设计要求浇筑钢筋混凝土梁柱。保留了原建筑中夯土墙墙体和正立面墙体，清理已坍塌的墙体和已丧失结构承载力的墙体，按照原有厚度重新砌筑 300mm 砌块砌体，对夯土墙风化和缺失处用 1 ∶ 2 贝灰岗土加 5% 糯米粉和适量红糖进行修补。此做法使得这处近现代建筑既保留现代材料和现代建造方式，又有传统材料和地方特色建筑材料，这在其他建筑中比较少见。

这一处“被唤醒”的城市历史记忆物件，作为革命传统和爱国主义教育场所，融入汕头小公园开埠区的历史文化中，已成为汕头市的一张红色名片。修缮后的“华富电料行”是一间 3 层楼商铺，还原了当年的历史场景。陈列馆也分为 3 层，一楼大沙盘勾勒出了长达数千里的水陆地下交通线；二楼“史海留声”展厅，展示的是苏维埃政权简介、交通站任务和“华富电料行”介绍等资料；三楼“汕头交通站历史贡献”展厅，其中最吸引人的是由电子显示屏组成的相片墙，里面包括了 100 多位曾受到汕头的红色交通中站护送的人物。

2. 澄海蓬沙书院修缮中的土作与石作

蓬沙书院历经百余年风雨沧桑，在自然灾害、老化、虫害、人为等因素影响下，加上年久失修，致使该建筑物损坏严重，后包（方公讲院）基本倒塌。2017 年 5 月，蓬沙书院修缮工作在外砂镇党委、镇政府的重视下，成立了文物修缮工作领导小组，负责文物修缮工作的统筹、协调。经多方调研、勘查，最终确定立项，实施对蓬沙书院全面抢救性保护。蓬沙书院修缮难度大，资金需求多，鉴于自身财力不足，遂将修缮工程分割成两期进行，每期分为两个标段。

蓬沙书院修缮工程一期第一标段。内容包括修缮蓬沙书院师院和东火巷厢房的地面、墙体、门窗、栋梁、桷片、屏风扇门、柱、梁架、屋面等，师院建筑面积 175.4m^2，东厢房建筑面积 243.64m^2。当时书院内部因为破损严重，上方的瓦片全部脱落，师院倒塌，火巷全部破损。修缮队伍把残存的东西保留下来，在沿用石柱、大梁、屋架的基础上，修缮新屋顶、铺设新地砖，原物利用率达 60% 以上。2017 年 12 月进驻施工，严格按照文物修缮的“四保存”原则进行修缮。2018 年 10 月完成修缮工作任务。

2019 年 6 月，启动了蓬沙书院一期第二标段修缮工作，逐步修缮倾斜的门楼、前后天井、东厢房以及火巷，并拆除前埕违章建筑。修缮内容还包括书院讲堂的桷片、屋面瓦片、檐口、正脊、排山脊、墙面、梁头、斗栱以及西火巷、西厢房的屋面桷片、师院瓦片、木门窗、木屏门、铺设水泥地面、增补梁头及斗栱等，讲堂建筑面积 227.14m^2，西厢房及西火巷建筑面积 257.49m^2。项目于 6 月开始动工，在 2020 年元旦前完成修缮工作。

二期分为两个标段修缮，二期一标段的修缮内容为门楼和东火巷，于 2021 年 10 月开工至 2022 年 4 月竣工。二期二标段的修缮内容为中厅和西火巷，修缮时间为 2022 年 7 月至 11 月。

经过修缮，这座古色古香的书院重焕光彩。坍塌的墙壁、破碎的瓦片逐渐被恢复原状，昔日斑驳的雕梁画栋也已修缮一新，梁上的花鸟鱼虫雕刻栩栩如生。在火巷厝头下，被潮汕地区称作“肚腰帕”的地方，浓缩了“书院”的精神内涵，如“鲤鱼跳龙门”的壁画内容，既体现对书院学子高中及第的意头，又包含了书院的教学内容，即古时读书人求学讲究的“仁、义、礼、智、信”五常之道。

3. 达濠古城修缮中的土作与石作

2017 年，正值达濠古城建成 300 周年之际，古城城墙修缮工程启动，象征性恢复老城门原貌。据历史资料和现场勘察可知，达濠古城墙现存墙体外围周长 494m（有资料记录为 473m），墙高 5m 多，城内总面积 12950m^2 有余，城墙顶内巡防道宽 1.33m，内巡道至垛口高 1m，垛口宽 0.7m，垛口墙厚 0.5m，城墙结构为石条垫基灰砂夯筑，东、西、北面现存城墙较为完整，南面一带墙体因周边民宅建设而被破坏，情况较为复杂，部分被人为拆除或掏空。古城分东、西两个城门，现存城门均为 1983 年重建，东为“达善门”，西为“西濠门”，结构为并列石拱砌筑，原东西两门和城门楼在“文革”时期被毁，与城门相连接的南面大部分城墙已坍塌，东面的“达善门”也因当时需要易位因而重建。根据勘查，古城墙现存文物本体长度为 341.5m，后期重建部分为 152.5m，原有东北、西北、东南角更楼已毁，只存东北角和西北角残垣，达濠古城墙历经近 300 年风雨已残破不堪。

达濠古城的城墙墙体多处有纵向裂缝，出现裂缝和断裂的墙垛部分有倒塌危险；墙垛多处被人为封堵，城墙多段出现缺失；城墙底部外围用石条砌筑，出现风化缝隙和掏空部分，深度达到 300~500mm，对城墙的结构稳定性造成了影响；多处存在后期加建物，部分墙体是后期修补的，墙体内外部分墙面风化、脱落、破损严重，城墙上多处生长草木，对古城结构有很大危害，部分城墙为“文革”时期拆除后修建。巡防道上有多处大面积生长草木，2 处巡防道缺失部分出现下陷现象，内侧拦河矮墙多处缺失；原两城门及城门楼缺失，现存城门都没有门页，城门局部破损，西濠门一侧楼梯缺失，1983 年修建的达善门的位置和尺寸，与原门的位置及尺寸均不符（原位置在现达善门北面 10m 处，现已被封堵）。现存 2 处更楼，上部已破损、缺失，仅残存楼台基。

为突出古城的“古”和“袖珍”，修缮工程所用的材料、采取的工艺以及建筑的形式等都遵照古法，尽可能还原达濠古城的原始风貌。修补城墙，使城墙勒脚的条石坚固、灰缝均匀统一、贝灰砂土夯土墙坚固统一且颜色均匀，是此次施工的重点难点部分。

修缮工匠在修补风化墙面和清洗时，先去除墙面风化的贝灰土，用灰砂土（过中筛）+ 贝壳灰（发熟，过中筛）+ 红糖 + 糯米浆（煮熟搅拌成浆），按 45% 灰砂 +45% 贝壳灰 +5% 红糖 +5% 糯米浆的配合比（体积比）调和均匀，捶炼成贝灰土砂浆（贝灰土砂浆先调和捶炼备用，红糖和糯米浆煮熟搅拌成浆后掺入贝灰土砂浆内边掺入边施工），进行修补。对风化较深处，在原墙面钉入竹钉（竹钉用生长 3 年以上的苗竹头制作，炒干后浸泡柴油使用），分层抹，整体墙面修补平整后表面抹粗。修缮工程还包括修补墙面裂缝；修缮缺失的短墙；修缮破损、裂缝、缺失的城垛；清理城墙巡防道平台，修缮重夯贝灰土；修缮西南和南面缺失的城墙以及坍塌的东、西瞭望楼；复原已被封堵的达善门，对后期改建的东、西大门暂时保留，重新维修；修缮石缝和门顶贝灰土等。

（二）修缮中的结构加固和装饰维修复原技艺

1.“火焰文学社”通信处旧址修缮中的结构加固和外墙面洗砂面复原修缮技艺

因年久失修、自然损坏以及缺乏管理和保护，“火焰社”旧址处于封闭状况，堆放了大量杂物。依据深圳市建工质量检测鉴定中心有限公司出具的《汕头市金平区招商路一横 1 号房屋检测鉴定报告》，该建筑的安全鉴定为 C 级，建筑柱、梁、板截面尺寸以及配筋、混凝土强度、墙体砌筑形式均不符合现行规范要求，且部分碳化破损严重，三层建筑结构梁、板破损严重且处于危险状态，80% 建筑梁、板开裂爆筋，部分已出现断裂坍塌现象。2021 年 5 月至 7 月，对该旧址进行建筑整体和围墙的保护修缮。

由于“火焰社”旧址结构已处于危险状态，对结构加固、保护维修、延长建筑物的使用寿命，成为这项保护活化工程的重点。逐层清理建筑物内堆积的垃圾，并进行全面支护、围护，防止建筑继续坍塌，对建筑内外后加建筑物进行清拆，对木楼梯、门窗拆卸下来部分有历史价值的构件进行保护，对三层建筑梁、板破损严重且处于危险状态的部分和坍塌部分进行复建。外立面的一至三层墙柱水刷砂被涂料涂抹覆盖，去除后刷涂料油漆层，恢复水刷石原貌是工程施工的另一难点。修缮工匠在重点清除水刷石面涂料、恢复水刷石原貌的同时，对铁艺拉杆清洗刷漆，维修栏杆扶手。

2. 鸥汀腾辉塔修缮中的夯土墙与塔檐砖叠营造技艺

由于年久失修，腾辉塔百孔千疮、残损严重，塔身原来的裂缝越来越严重，塔刹部分也四分五裂，岌岌可危，亟须进行抢救性修缮保护，汕头市委、市政府将腾辉塔修缮工程列入实施“十个历史文物保育修缮项目”之一。在修缮时，对塔刹予以校正，对其他部分也恢复原貌；此外，在塔的西北侧重挖了一处面积300多平方米的池塘，以恢复“腾辉倒影”景观。

腾辉塔塔刹倾斜、塔身开裂以及部分构件破损是1918年的7.25级地震造成的，这也是修缮工程的施工重点之一。鉴于腾辉塔的受损情况，技术人员制定了相应修缮方案。对塔体部分，一是将整塔自上而下进行清理，清除塔体寄生植物和历年修补残留物；二是采用150mm宽的碳纤维布，在塔身的二、三、四、五、六、七级挑檐上部进行逐层箍绕，以达到加固的目的；再在箍绕的碳纤维布面上抹贝灰土砂浆使立面效果协调；三是对倾斜塔刹包装加固，吊离维修再复原，对塔身裂缝进行填缝、加固修补。具体操作如下：

在施工现场搭设脚手架，修缮人员首先使用木条与钢丝绳对塔身进行临时加固，以确保施工安全。从中也发现，塔身原本使用的贝灰材料十分坚实，因此施工人员在修缮过程中尽量保留原有结构，并在此基础上，采用贝灰、河砂、石灰、糯米、红糖等混合物，对塔身贯穿性裂缝进行填缝、修补，继而加固。在塔刹基座的加固吊离和安装以及加固、清理、复原等施工难点方面，在塔身各层加固措施完成后，将塔刹整体与塔身分离并独立捆绑包装，然后吊至地面保护，再对原第七级及第五级已脱离错位部分的塔体进行矫正复位。对塔顶、塔刹基础进行复原修缮，最后把塔刹吊装复位，保留原青砖砌筑塔刹并修缮破损塔体，恢复五级塔刹。

在修缮方面，一是自上而下对塔身各级挑檐破损、残缺进行修缮，小心清除破损挑檐的已松脱部分，按原塔各级挑檐砖叠涩出檐的样式进行修缮；二是按原样式修缮、清理破损、缺失的22个丁头栱；三是对塔腔内缺失的石梁架、木楼板，按残留洞口进行恢复性制作安装；四是修补门顶断裂石条，按原样制安木塔门，对塔牌匾“腾辉塔”、门对联拓本留档，按照当地传统用红漆重新描填。在清除原塔外围历年垫高地面时，依据现场考察并参考历史资料，对塔围栏杆补制复原。

此外，设计安装了避雷设施和安防设施，避雷设施的安装尽可能不影响古建筑构造的完整性和古建筑的外观形象。古建筑防雷设计分为内、外部防雷，并将外部防雷装置和内部防雷装置作为统一整体考虑。

施工人员修缮时，在距离现地面700mm的地方，发现了原有塔基地面以及断开的塔围栏杆石钉，这对研究腾辉塔构造与历史具有重要意义。

3. 南澳康氏宗祠修缮中的传统营造技艺

中华人民共和国成立后，康氏宗祠曾是农会、乡政府的办公地址，也曾作为粮食仓库、围海造田连队宿舍、食堂、大队碾米厂等用途，1986年归还原业主康氏宗亲收管。由于历史原因，康氏宗祠门口大埕、旗杆座、戏台、书斋等多处被一些单位和群众拆除及占用。

2019年，南澳康氏宗祠开展修缮工程（一期）（古建筑修缮）项目。主要工作内容包括：修缮地面红砖，对墙体铲（修）补立面抹灰，修整杉木楼板、木门窗，疏通排水暗沟、明沟；维修屋面梁架，更换木檩条、桷板，重铺屋面瓦，修缮屋面瓦水槽。如何根据设计要求，在修缮施工中真实地、完整地保存其历史价值与信息？具体体现在地面、墙体、屋面、木雕构件的修缮中保留原来的风貌上，这是此次工程的难点。

工程采用新材料铜铬砷合剂，梁架、柱、檩梁、门窗用高浓度药液浸泡或喷涂。在保留原建筑夯土墙墙体的基础上，人工清理后加水泥砂浆和风化、空鼓剥落的墙体，按照原有贝灰泥墙面重新对表面进行贝灰抹面。对全部瓦面揭瓦重铺，在拆除瓦片时筛选完好瓦片予以保留，更换已风化酥碱、缺角断裂、变形拱翘的瓦件，按照原有底层盖七留三、中层盖六留四、面层盖七留三的方法重铺。手工清洗屋脊，对破损和裂缝屋脊进行修缮，修缮屋脊时用石灰砂浆夹瓦块制作，防漏防裂。对残存嵌瓷表面进行清理，参照现存残迹对嵌瓷进行修缮。石柱维修时，把上部结构用木条支撑，以确保上部重力不压在石柱上；再把柱基挖深，放下石柱，用石榫把断裂处上下连接，黏合完整后，再垂放安装。在柱基接地处，用铁条塞紧石柱与基础部位，使石柱与上层受力，再拆除施工前的支撑构件。对门楼、连廊、拜亭等腐朽严重的桷片、封檐板进行更换，将部分破损的栋梁、桷片用桐油灰加木屑修补。对破损风化褪色、缺损的门、窗重新按原样式定制，对门、窗进行全面保护性油饰，油漆采用传统桐油加矿物颜料进行调制。对门楼门神和彩绘门页，使用桐油进行全面保护性油饰。

4．潮南东里寨修缮中的地面与墙体营造技艺

东里寨大门楼坐东南向西北，正门上有寨楼，占地面积约 25m^2，面宽 11m，进深 2.3m，门匾阳刻“东里腾辉”四字。20 世纪 80 年代重修过，建筑结构稳定，整体保存完好。门楼内外墙体表面受自然风化、侵蚀，二层后墙有裂缝，山墙外侧面风化面积较大。此寨四个角楼均有不同程度的前期坍塌、后人修缮时改变高度、屋面灭失、木阁楼杉木楼板和杉木檩条灭失等损毁情况存在。

近年来，东仙社区按照保护与发展并举的原则，通过对东里古寨进行全面修缮改造，以及对周围环境的绿化美化，以期留住乡愁。东里寨大门及四角楼修缮工程，在遵守“不改变文物原状”原则以及文物建筑修缮“四保存”原则的同时，还参照《威尼斯宪章》提出的原则进行修缮。修缮人员在对大门楼进行修缮时，对后人浇捣的混凝土地埕进行拆除、清理，参照现在石料的用材和规格，重新铺设石材。同时清理二层楼面，重新按原规格、原材料更换楼板、楼檩，对局部裂缝破损未失去支撑力的进行修补，维修屋面、墙面、石件，修缮木门扇等。四个角楼在拆除后人改建和加建的屋面后，将地面基层清理干净，重夯贝灰、砂、岗土为 1 ∶ 1 ∶ 1 体积比的灰泥，重新铺设与原存规格质量相同的红方砖。屋面底层平铺中层搭四留六、面层搭六留四、原存旧瓦用于底层，底层存有者用于中层，面层用与旧瓦同规格、同质量的新瓦重盖。檐口厚钱瓦（潮汕人称“瓦口”，比普通瓦厚，通常厚度为 1.5~2cm，长度为 25~30cm），把完好旧瓦用于正面，局部损坏和新购者用于背面。盖瓦使用 1 ∶ 2 体积比的贝灰水泥砂浆，垌垄罩面用纸筋灰加乌烟。在维修墙面时，用清水清洗干净墙面杂物，用 1 ∶ 2 体积比的贝灰砂浆批荡修补，再用贝灰膏罩面、卵石压光，最后做旧。

此外，修缮项目还包括中轴线上祠堂后的第一座古民居。该民居是潮汕传统典型“趴狮”格局，坐东南朝西北，院落占地面积约 193m^2，面宽 15.9m，进深 12.2m，四周均为通巷。自西北向东南由门楼、天井、两侧左右伸手房、主座（含明间—中厅、左右次间—主房、左右稍间—次房）组成，各用房功能分区明确。本座墙体采用砂、土、贝灰等传统当地产材料夯实而成。抬梁式木屋架上的木雕原件十分精美，门窗做法坚实美观且实用，地面用当地产红方砖，以不同方式排列铺贴。屋面瓦作采用当地产的传统红素瓦，潮汕“火星头”厝头式样，石柱、石阶等石构件保存较好。至修

缮项目启动前，本座屋面不同程度破损，瓦件、瓦垄损坏、拉裂，瓦筒部分松脱；下方木构件受潮腐朽蚁蛀；屋脊风化，外墙风化；所有地面红方砖均有不同程度的开裂破损，部分被后人改为水泥地面，天井地面灰埕残破仅余痕迹；部分门窗及其部件灭失，现存门窗及其部件多老化开裂严重，或被改变形制等损毁。

基于上述情况，对该古民居修缮时，按原有建筑样式和格局进行恢复。在清理屋面杂草和地面杂物后，火巷埕面按灰埕复原，室内地面按原样修缮红方砖；采用贝灰砂底纸筋灰面重新批荡风化、空鼓的墙体；用原材料配比调配夯土，重夯坍塌和被拆除的墙体，对墙面重新批荡抹灰；对墙体裂缝采用贝灰泥修补。维修或更换腐朽梁、枋，木材均采用旧杉木。屋面揭瓦维修，按底层望瓦平铺、面层瓦“搭七留三”的做法重铺瓦面；采用杉木原规格维修或更换腐损门窗。

5．潮海关妈屿岛税务司别墅、有眷内班职员夏天住所旧址修缮中的墙体传统营造技艺

妈屿岛税务司别墅和有眷内班职员夏天住所的建筑发展脉络清晰，历史信息丰富，是潮汕当时当地此类建筑的缩影，是西洋建筑风格传入潮汕地区后和当地建筑文化结合的珍贵实物，是研究潮汕地区海关史和汕头开埠史的实物佐证。2021 年，这两处旧址被列入“实施一批文物保护工程”项目之一而启动修缮。修缮工程主要包括维修、加固钢筋混凝土屋顶楼板，拆除倾倒、破损、无法修缮的墙体、天花板吊顶、门窗、地面瓷砖，按照原有样貌进行修建。

其中，墙面修缮采用了潮汕古建筑的传统“拉毛”技术，将墙面粗粝的质感和颜色尽量还原。拉毛是指在抹灰面层上拉成无数的毛头，其做法一般要经过墙面清理、抹底层灰、弹线贴分格条、抹面层灰、拉毛等工序。

外墙在铲除原有砂浆层（或批灰层）、装饰层后，淋水清除表面砂土，采用 WMM20 聚合物水泥防水砂浆勾实旧墙体砖缝；补平后，刮水泥砂浆纵横两遍，涂聚合物防水涂料；在满挂钢丝网后，抹水泥砂浆，再分两次抹灰。对于外墙饰面层局部，则是在此基础上，对空鼓、裂缝处采用灌注环氧树脂黏结材料加固施工，对其余部位饰面层人工细致凿除表面后，加油漆层、刮灰层、覆盖物、青苔等，在修补后进行整体清理，清理过程循序渐进，一般为自上而下，自左而右，边刮边用毛刷清扫。

（三）修缮中的装饰技艺

1．汕头小公园修缮中的装饰技艺

由于小公园街区的建筑形态多样，技术要求也不尽相同，如何制定出一套适合不同建筑的修缮方案，成为修缮工程的难点之一。参照文物保护的“不改变文物原状”原则，对小公园街区的建筑修缮和保护，以传统技艺为基础，既要恢复历史建筑的原有风貌，又要保证建筑的安全和功能。通过前期对原有建筑进行全方位的勘察、检测、分析和评估等，根据各座建筑结构现状及其材料风化受潮和侵蚀等情况，编制出一套系统方案。随后以突破性加固内在结构、外立面修缮复原的原则，全面展开修缮工作。

首期工程修缮采用了传统建筑修缮技艺，包括木雕、石雕、泥塑等，对建筑的结构、门窗、装饰、屋顶等进行修缮和保护。修缮人员用“绣花功夫”，陆续完成了包含南生百货大楼、西堤骑楼等小公园街区的大体量建筑的修缮工作。

在修缮过程中，技术人员注重保留原有建筑风貌和历史文化价值，同时结合现代设计理念和技术手段，使小公园街区焕发出新的活力和魅力。对沿街铺面、骑楼等老旧建筑的结构进行检测和评估，发现问题及时进行修缮和加固。已全部坍塌的部分，从基础至柱、梁、

板，参照原形制重新复原钢筋混凝土结构；楼板坍塌，柱、梁仍存在但已爆裂且锈蚀严重的钢柱、梁，采用型钢加固，对板重新复原浇筑。柱、梁、板均保留较完好，但只有局部楼板钢筋爆锈的部分，采用除锈修补，贴碳纤维布补强。已倒塌的墙体，依据原材料、原形制予以复原；表面已风化的墙体，先清除风化层，用贝灰砂浆加糯米浆和红糖水批荡复原。门、窗全部按原规格统一改为木门窗。骑楼的罗马柱参照现存的规格、造型、工艺、材料进行维修，保留现存完好的部分；而脱落、风化、空鼓的部分则在清除原风化层后，采用原规格、原色样、原材料、原工艺进行修缮，复原后的整体效果均与原样统一、协调。由于灰塑构件有的整体脱落，有的残缺不全，修缮人员在灰塑构件复原维修时，对残缺不全者，参照其他所存部位的造型，用纸筋灰手工雕塑复原完整。对整体缺失的灰塑构件，复制完整的且与缺失部件对称的构件。

2. 南澳武帝庙修缮中的嵌瓷技艺

位于南澳县后宅镇的武帝庙，其建筑形制属潮汕寺庙。近年来，因旧庙破旧，经理事会研究决定，拆除旧庙原址重建。重建基本按原形制、原结构、原材料而建，并在此基础上，提高装饰档次和工艺标准。

整座建筑平面布局为二进厅“双佩剑”，二进厅相连接。为了协调屋面的整体色彩，屋面采用了单檐硬山式绿色琉璃瓦，潮汕传统建筑五行厝头、厝脊，面贴绿色琉璃砖。对屋面前后厅相接的漏母槽施工，是本次项目的难点之一。此外，木结构制安也是不可忽视的难点。墙体为红砖砌筑，两侧面和背面贴石片和红方砖。墙壁贴石版画，正面门楼为石门框，青石雕门楼肚，马面墙面贴石雕壁肚，墙尾泥塑彩绘。屋架后厅为三载五木瓜，加上凤冠斗、板花、载下花等花块配套，形成完整的潮汕寺庙屋架，加上油漆、彩绘、贴金，显得金碧辉煌、美丽壮观。室内地面铺红方砖，外地面贴石板。

潮汕嵌瓷，始于明代，盛于清代，一直流传。因潮汕地区地处亚热带，受气候特征及自然条件等影响，潮汕地区的建筑外部及装饰构件材料不适合用木材，特别是厝脊、厝头角、垂带、垂脊等暴露在外的建筑构件，容易受到阳光、雨水、大风的侵蚀。而且潮汕地区自宋以来盛产瓷器，给嵌瓷工艺提供了物质基础。另一不可忽视的致使潮汕嵌瓷这项“屋顶上的戏剧”扬名天下的原因，是潮汕人注重建筑门面外观装饰，显耀乡里、光宗耀祖成了一种风气，这促使了嵌瓷工艺的形成和发展。

嵌瓷内容大致有历史人物和传统戏剧人物的形象，以及龙凤、花鸟、走兽等。装饰于庙宇、祠堂屋脊正面的嵌瓷，多采用双龙戏珠、双凤朝牡丹等题材；装饰于脊头厝角的嵌瓷，多为历史故事、戏剧人物等内容；装饰于檐下墙壁的嵌瓷，多是人物故事、花卉植物、虫鱼走兽。照壁上常见的有麒麟、狮象、仙鹤、鹿、梅花等。而后宅武帝庙，则是屋面中脊肚做花鸟嵌瓷，火星尾做卷花嵌瓷，垂脊尾做人物加冠嵌瓷，延续了潮汕乡土建筑中祠堂庙宇的嵌瓷营造艺术。按照传统，祠堂大庙一般不在垂带头加冠做嵌瓷。但是随着人们观念的改变，现今出现了在垂带头加冠做人物嵌瓷的做法，以宣扬“忠、孝、礼、义”的道德标准。

3. 新加坡粤海清庙

不同于传统的潮汕古建筑，粤海清庙虽然规模不大，但涵盖的传统工艺却多样化；从嵌瓷、泥塑、木雕、石雕、大漆、贴金，到彩绘、灰塑画，应有尽有，工艺品种非常密集，如同一座包罗万象的小型建筑博物馆。2012 年，新加坡华侨慕名邀请纪传英团队进行修缮。这是据有记载以来，自 1895 年重建后，粤海清庙的第五次大型修建。至 2014 年，修缮完工，庙宇重现昔日光彩。

粤海清庙作为历史建筑，在进行修缮时，需要特别关注保护其原有的建筑规制和文化价值；需要平衡修缮和保护之间的关系，以确保修缮过程不会损害原有的古老建筑，要让粤海清庙恢复100多年前的模样，将此前历经四次维修时，因来自五湖四海的工匠致使这座建筑出现“福建派”甚至“苏州派”的元素回归原貌，建筑整体尽可能地贴近1895年的建筑风格，是此次修缮工程的难点之一。而如何把现代新科技和古老传统工艺相结合并应用到实处，是这项修缮工程的最大挑战。其中，说服工匠们在保证建筑外貌不变的情况下采用新加坡国家标准的做法，考证庙门上门神等画作中的题材，是又一难题。

经测量勘察，粤海清庙总平面布局为入口门楼、前埕（及前埕围墙）、主庙（及主庙两畔火巷），后包厝。占地总面积为1438m^2，其中上帝宫和天后宫436.2m^2，前埕及围墙742m^2，后包厝162m^2，两畔火巷97.8m^2。

庙宇屋顶上饰有七彩精美的古装雕塑和楼阁，包括“杨门女将”“孙悟空大闹天宫”“郭子仪拜寿”“三国演义”等神话故事和历史故事，人物形态各异，雕工精美传神，在新加坡已属罕见。为了重现屋顶百年精彩与美艳，一批潮汕嵌瓷工匠敲碎了几万个色彩缤纷、大小不一的碗盘和碟子，再以精湛手艺把修剪过的瓷片，贴成一个个栩栩如生的人物造型。粤海清庙屋顶上的大人物造型120个、小人物造型几百个、亭台楼阁20多座、屋脊上还有2条造型精美的龙，全部以嵌瓷工艺完成。而一般情况下，古庙只在屋脊、垂脊、卷草处添加人物或花草嵌瓷，粤海清庙却连屋面也布满嵌瓷装饰，相信这是世界上唯一有此特色的庙宇。这也是还原度最接近该建筑原貌的古建筑修缮工程。

庙内的橱窗泥塑被称为“土丁”，在中国已很难于庙宇内看到这个工艺。庙宇进门处原本有木栏杆和木门，却在20世纪90年代被拆除。幸运的是，在庙内储藏室找到了原本的四扇门，泥塑师傅参照旧照片安装回去，恢复了原貌。修缮工程历经5年，克服了藏匿在庙里每个角落的重重困难，严格遵守当地建筑施工标准，耗资近750万元的修缮工程于2014年竣工。最终，工程以精湛的技艺，完美再现1895年重修后的辉煌面貌，被新加坡政府授予旧建筑修缮工程奖，并获得联合国教科文组织亚太文化资产保存优异奖。这也是首个由中国人承建、修缮的，由联合国颁奖的古建筑领域的殊荣。

粤海清庙由最初的庙外四周空旷、庙前一片大海，变成水泥屋瓦、雕梁画栋、香火旺盛的大庙。历经100多年，如今高楼环伺，殿里香火浓烟不绝。修缮历经3年，恢复其100多年前的模样，像当年兴建这座庙宇一样，集中了整个潮汕地区的能工巧匠。当年建庙的“潮帮”可能不会想到，现今寺庙周围规划建设成如此光鲜亮丽的布局，他们曾直视的大海也一再远去，上一代的诸多困惑依然深藏在人们心中。这处国家保护古迹，目睹新加坡从一个小渔村发展成为繁荣富强的国度，更见证了早期华族移民开天辟地的艰苦历程，既增进了海内外潮人的团结和友谊，更提高了潮汕居民对家乡的认同感。

4. 官埭纪氏大宗祠修缮中的瓦作与嵌瓷技艺

一方水土养一方人，受纪氏宗亲重视，官埭纪氏大宗祠近年被修缮。主要修缮内容为屋面揭顶维修，拆除旧屋瓦，检查屋面破损和木材腐朽情况。修补局部损坏的梁架，更换腐朽和失去承载力的屋面樬条、桷片；重新盖瓦，把原三层土瓦改为双层土瓦底、单层绿色琉璃瓦和琉璃坰；新做屋面嵌瓷，屋面樬角、屋架重做油漆、彩绘、贴金，以及对破损的雕花构件进行维修或新做，修补墙面及地埕，门面重新装饰。另外，此次维修还增做了扇门和神龛2幅人物嵌瓷壁画。

5. 越南潮州义安会馆修缮中的传统营造技艺

历经 200 多年的风雨侵蚀，越南潮州义安会馆结构安全受到了不同程度的损伤。历史上，会馆曾经有过 4 次大型修葺，最后一次是在 1968 年。由于当时兵荒马乱，没有条件物色珍贵木材，修葺中的一些部分采用了钢筋混凝土代替，导致整座工程失去了原来的历史价值。2009 年，越南义安会馆理事会发起重修。

此项工程属于落架重建，对影响建筑物使用功能的柱、屋架、屋面楹条、桷片等更换新材料；对于具有文物价值的木雕、石雕构件尽量利用，对于缺损者则按原规格重做。

落架前，匠师们首先进行测量制图工作，对殿堂的重要数据如柱距、角柱侧脚、梁架举折等各个构件都做了详细测量。经过实地检查和测量，发现台基下沉，建筑物地坪低于市政道路，主柱倾斜，木瓜、花坯不同程度糟朽，梁枋歪闪、扭曲的情况严重。为此，修缮工程对庙宇的前埕、围墙、照壁、两廊、天井、门楼、中厅、龙虎井、内天井、后厅以及拜亭等组成部分，按设计进行了 550~890mm 等不同程度的原地坪升高。匠师们逐一单独记录、绘制各个构件的位置和式样，摄影归档，为落架重修保留了准确信息。在落架时，对保留完好的构件编号保存重用，对糟朽腐朽与损坏的各构件进行挖补、黏结、配制。同时，应用高分子材料对各残损构件进行灌浆粘补。

本次重修，涉及了潮州传统建筑的大木作、小木作、石作、瓦作、油饰彩画作等多种分项，匠师们严格按照潮汕传统建筑的营造形制精心修葺，主要建材是印度尼西亚和缅甸产的珍贵木材以及中国产的石材，恢复了原来“三载五木瓜十八块花坯”的抬梁式大木典型结构，各种花坯、木雕构件，在技法上采取了圆雕、沉雕、浮雕、镂空等不同手法，梁枋两端饰以形象各异的祥瑞动物，在外形色彩上充分运用了潮州金漆木雕的各种表现手法。

（四）造园技艺

潮阳西园修缮中的传统建筑营造技艺与造园技艺

潮阳西园构建之时，正值西洋建筑文化大量传入潮汕地区，园主萧钦是建筑工程承包商，曾在汕头承建过多项洋楼工程，对西方建筑技术的先进性有所了解。此外，他又是地道的潮汕人，能够自觉地秉承着中国传统建筑文化的根基。由于自己生活习惯和地方风俗的潜移默化，在造园过程中，把中西建筑文化相互结合，创造出一种新的造园技艺。不论在建筑、装饰还是叠山理水等方面，都运用新的理念和技巧，对岭南建筑和园林发展而言，是一大进步。

西园建成已历经百年，其间有过多次强烈台风、地震，遭遇过长期人为破坏和自然侵蚀，整体尚保存完好。但由于年久失修，致使花厅东侧坡屋面和西侧厢房屋顶楼面出现坍塌现象；花厅屋顶楼面下沉、漏雨严重，室内的木楼楞、灰板等构件已基本糟朽和缺失，前檐下梁架檩条、桷板等木构件受潮糟朽、破损缺失严重，甚至部分梁架已经歪斜变形，有些已使用混凝土梁来代替；花厅南侧木柱上端糟朽、破损现象严重；南侧博古梁柱的榫头出现糟朽、断裂现象，博古梁柱有明显倾斜、脱落现象，已不能满足结构安全的使用要求；门窗糟朽、蛀损、缺失严重，后廊石柱断折。扬威楼耳房与假山交接位置，屋面出现渗水现象，造成墙体大面积受潮，使木楼楞和天花等部分出现糟朽缺失现象；假山上杂草丛生、藤蔓缠绕，野生榕树生长茂盛，已对假山造成较严重的影响；塑石骨架锈蚀、破损、风化严重；假山上栏杆断裂，与山体局部脱离。凉亭屋面局部漏水，屋面桷片局部糟朽，亭下水池渗漏。围墙及门楼墙体，局部风化脱落。

西园的价值在于其上述造园意匠，在于新技术的运用和创新，在历史文化方面也是当地的“活化石”，大有保存的必要和价值。为了保护这座文物，“西园修缮工程”项目于2021年4月被列为汕头市加强历史文化保护和利用实施“八个一批”工程工作机制。同年7月至12月，西园修缮施工正式开始，花厅、扬威楼、假山、凉亭、门楼以及围墙均得到了修缮。在修缮花厅时，按原形制用菠萝格红木制作檩条，以更换屋面、重做顶棚；同时，修缮屋架和屋面楹条、桷片、糟朽木柱等部位。在更换扬威楼一、二楼耳房的部分木楼楞时，按照传统式样重做天花，对屋面进行防水处理，花厅地面按原形制更换破损红砖。此外，在确保维护假山形态的前提条件下，对年久失修并出现脱落的假山中塑石进行加固，对建筑物与假山的交接处进行防水处理，最大限度地还原其历史魅力。

二、建筑重建工程中的传统技艺传承

1. 普宁礼誉公祠重建中的嵌瓷及彩绘传统营造技艺

中华人民共和国成立后，潮汕各宗族少有新建祠堂，但近20多年来，重修祠堂之风又渐盛，而且祠堂的造型和结构仍然讲究，普宁礼誉公祠是近20年原址重建的项目之一。普宁礼誉公祠始建于1925年，先损于1937年日寇炮火，继毁于1976年，其厅堂坍塌，残破不堪。2013年，礼誉公第三代裔孙促成复建事宜，工程于2014年开工，2015年竣工。

礼誉公祠坐北向南，背靠铁山，面向练江。庄严典雅，金碧辉煌，占地面积为426m^2，平面布局为两进厅、两厢房、前埕。建筑风格为潮汕传统式祠堂，从古至今，此类潮汕建筑风格有着聚气纳福、钟灵毓秀的寓意。

在重建过程中，由于原祠堂倒塌，遗存了原址部分墙体和石柱、石门。因此，本次重建是根据原格局、原分金、原标高、原材料进行的。因礼誉公祠为木结构建筑，均采用以熟桐油为主要原料调和的漆油涂刷、贴金。柱为福建633花岗石石柱；墙体为青砖清水墙；屋架为坤甸木制作，做有彩绘锦画、花胚五彩；中楹为子孙楹彩画，两边对称套现作画，中桁为子孙桁彩画，两边对称作画，古朴典雅、华贵端庄。

正面门楼肚为青石浮雕肚和石门框，其他墙面为青砖清水砖。清水砖用220mm×110mm×50mm特制青砖砌筑，用1∶1体积比贝灰砂浆加糯米浆、加红糖水锤炼，调和后坐浆砌筑。灰线用同一色泽的纸筋灰，勾抹收光。前厅两副屋架为二载三木瓜，配套载下花、弯板花、楚尾花，龙头锯垂花柱、花篮等雕花构件；两廊屋架为石漏母载，斗筒为雕花构件配套。屋面楹角为坤甸木制作，屋面瓦为朱砂红通体瓦，单檐硬山式，潮汕式五行厝头，厝脊为双坎脊，面贴朱砂红通体琉璃砖。脊肚为花鸟、动物、人物嵌瓷，正面垂脊尾为加冠人物嵌瓷，外山墙及后面板线为嵌瓷画肚，彩色瓷线分格；屋面檐口下面和山墙垂脊均做石板马齿装饰线。后厅四幅为三载五木瓜、凤冠斗、抬梁式屋架，配套鳌鱼、花眉狮、筒脚花、弯板、凤冠楚尾等樟木雕花构件，中间两副为完整屋架。雕花构件和木瓜均双面雕刻、双面彩绘，两畔靠墙处各设一副单畔雕刻（彩绘）屋架。

2. 浮陇三山国王庙重建中的传统营造技艺

浮陇三山国王庙又名三山祖庙，俗称大庙。清乾隆三十九年（1774年）修建，2007年原址重建，占地面积540m^2，为坐南向北的石木结构建筑，其平面布局为二进厅“双佩剑”、单檐硬山式琉璃瓦屋面。庙里至今还存有乾隆年间镌刻的一面石匾。

在古建筑屋面瓦施工中，瓦垫层叫作“背”，其施工过程叫作“苫背”。而现代仿古建筑布瓦屋面是在钢筋混凝土屋面结构上直接采用砂浆黏结瓦片，以达到古建布瓦屋面的效果。基于此工艺，在浮陇三山国王庙的原地重建工程中，屋面反背船施工盖瓦成为工程的难点所在。

“大庙”前厅与后厅中间以拜亭相连，拜亭两侧为龙虎井。主座为国王古庙，左厢房为北极殿，右厢房为准提阁。该建筑正面门楼与两畔火巷门楼，均为花岗石门框和石框架、青石浮雕门楼肚、马面墙为青石高浮雕，所有石柱均为花岗石。屋架及屋面楹角为杉木制作。后厅屋架为三载五木瓜抬梁式结构，拜亭、屋架为双狮凤冠斗结构，门楼屋架为三木瓜凤冠斗结构，屋架雕花构件均为樟木制作。屋面拜亭与前、后座之间设反背船天沟，天沟收屋面水流入拜亭两侧龙虎井。屋面为黄色琉璃瓦，厝头为木星、火星等五行山墙厝头，脊肚为花鸟嵌瓷，主座中脊为双龙戏珠嵌瓷。屋架屋面楹条桷片均做油漆，屋架五彩做锦贴金。大门为暗串木门油漆画门神。

3. 南澳总兵府重建的传统建筑营造技艺

作为南澳岛的一处重要历史遗存，南澳总兵府经受历史和大地震等的洗礼，曾增建、修缮、重修、重建。现总兵府主帅府是1999年原址重建的建筑物，于2003年竣工。在重建过程中，建造超高、超跨度的混凝土梁柱、斗栱、雀替等小型构件，多层次互相交接的混凝土层面的模板制安、钢筋制安，是此次工程的难点所在。

主殿边间和拜亭为单檐歇山式灰色琉璃瓦屋面，中间为重檐歇山式灰色琉璃瓦屋面。整座屋面为三个不同高度、不同层次的屋面组成，主殿两边间屋面为下层，中脊与中间下檐博脊相连，中层屋面为拜亭中间下檐，上层屋面为中间上檐。屋面檐下为混凝土方形飞椽，柱和额梁雀替均被喷成真石漆面，栏杆为花岗石栏杆，外墙为红砖砌筑，面贴仿清水砖红砖片。

4. 潮阳古雪岩寺的建筑营造技艺

古雪岩寺自创建至今已有1000多年的历史。虽经历代维修，至今仍保存宋代建筑风貌。寺院由天然岩洞和人工建筑巧妙构成，前、中、后三厅梯形排列。寺院以众多上下错落的岩洞为基础，按山势的曲折起伏，建筑了一系列寺院殿堂，这是天然石洞和人工建筑艺术的巧妙结合。

天王殿建筑面积283m^2，重檐歇山式灰色琉璃瓦屋面。屋面飞檐做双坎方形飞椽、红木重昂斗栱。建筑外观为唐式风格，地面铺石板，藻井板施彩绘，正面做柚木暗串门1副，内面做柚木扇门8副。

圆通宝殿建筑面积463m^2，为石木结构，重檐庑殿式灰色琉璃瓦屋面。建筑基础为钢筋混凝土条形基础；底层外围20条檐柱为直径500mm的花岗石石柱，9条殿内柱为直径650mm、高8.2m的菠萝格红木柱，基础为1.05m×1.05m×380mm高的莲花瓣花岗石石柱础，入地200mm、地上180mm。屋面楹条桷片均为菠萝格红木制作，榫卯结构，斗栱为重昂单翘承重斗栱，飞椽为双坎80mm厚桷片；屋面盖三层瓦，底层和中层为潮汕土瓦，面层为灰色琉璃瓦，均用贝灰砂浆坐浆，瓦垌为灰色琉璃瓦垌。外墙为青砖砌筑，双面清水墙，用贝灰砂浆加糯米浆、红糖水调和锤炼、砌筑、纸筋灰浆勾缝。正面扇门20扇，均用柚木制作，上肚为棂条，下肚为串板肚。台座为花岗石制作，须弥座造型的台阶用花岗石条石制作；地埕为青色厚青阶砖铺贴。整座大殿均以唐式风格建造——斗栱硕大，简单而粗犷的鸱吻，屋檐高挑，深灰色的琉璃瓦屋面，柱子较粗。建筑体现了力与美的完美结合，朴实无华，雄伟气派。

藏经楼位于圆通宝殿左后侧，为3层钢筋混凝土结构。建筑基础为钢筋混凝土满堂基础，柱、二层板、三层梁板均为钢筋混凝土，三层上部屋架大梁为钢筋混凝土结构，大梁上部童柱、屋面楹条桷片均为杉木结构。底层台座为毛石砌筑，底层、二层、三层走廊栏杆均为花岗石栏杆。屋面为三檐黄色琉璃瓦屋面，一、二檐设置于二、三层走廊栏杆外面，为半坡琉璃瓦屋面，顶檐有四层屋面，四歇山，十字厝脊，盖反面上釉琉璃瓦为底层瓦、双层黏土瓦为中层瓦、金黄色琉璃瓦为面层瓦。墙体为红砖条砌筑，外面贴仿清水砖红砖块，墙尾装杉木装饰斗栱承托檐梁，一、二、三层的正面均安装 6 扇古式扇门，扇门的上肚为通花、下肚为浮雕。

般若亭位于圆通宝殿左前方半山腰处，为石木结构重檐四角亭。基础为钢筋混凝土条形基础，台座为红砖条砌筑，外面贴石板，压顶沿阶为花岗石条石，柱为圆形花岗石石柱。梁及童柱、屋面楹条桷片均为杉木制作，榫卯结构，底层额梁上面和上檐檐下均安装杉木斗栱，承托亭面檐口梁，屋面为重檐歇山式琉璃瓦屋面，盖反面上釉琉璃瓦为底层、双层反面上釉黏土瓦为中层、单层黄色琉璃瓦琉璃垌为面层。所有木结构均做油漆、彩绘，地面铺石板，栏杆为花岗石栏杆。

普同塔位于圆通宝殿左后角，为钢筋混凝土 3 层结构，屋面为绿色琉璃瓦屋面。

5. 普宁城隍庙重建中的传统营造技艺

原址重建后的普宁城隍庙占地约 2400m^2，为三厅两院四厢房平面布局。前厅为七间过，门楼五间和两畔库房；中厅为三间过，中间连拜亭；拜亭两侧为钟楼、鼓楼，钟楼、鼓楼至前库房用两厢房连接；后厅为七间过，后厅三间和两侧房后厢房连接中厅和后厅；后院为放生池。

普宁城隍庙规模宏大，其建筑木雕、石雕融汇了多种传统技艺手法，集中体现在门楼。门楼设在前厅中间，两畔为库间，三门四柱。石门框，木大门，青石高浮雕门楼肚，库房马面墙为高浮人物戏剧壁肚，柱为花岗石石柱，内面 4 根梨花形柱，外面 4 根八角形柱，石柱支承 4 副屋架，屋架为斗筒抬梁式屋架，木雕构件配套装饰，油漆、彩绘、贴金、雕梁画栋，金碧辉煌。屋面为高低错落的七间屋面组成，盖金黄色琉璃瓦，火星厝头，厝头、厝脊为人物花鸟卷尾等嵌瓷，气势庄严，美丽堂皇。

从门楼进入中厅，可见中厅连接拜亭，这也是本建筑的主殿。中厅、后厅及前后厢房同为石木结构建筑。整体为金黄色琉璃瓦，厝头厝脊贴琉璃砖、脊肚嵌瓷。中厅柱为花岗石石柱，中间设四条梨花形橄榄柱花瓣边起鸡心线，拜亭为八角柱，柱支承屋架，中厅屋架为三载五木瓜、凤冠斗、载下鳌鱼花眉、弯板、楚尾等木雕构件。拜亭屋架为双狮、人物花眉、凤冠斗、蟹篮、飞凤、花篮等木雕构件套配，精雕细琢，工艺精湛，加上油漆、彩绘，整体视觉效果色彩浓郁，富丽堂皇。中厅屋面为单檐硬山式，拜亭屋面为重檐歇山式，均为金黄色琉璃瓦屋面。厝头厝脊为潮汕五行厝头，厝脊面贴黄色琉璃瓦，脊肚嵌瓷，拜亭为双凤朝牡丹，脊上为双龙夺宝，火星厝头卷花。

参考文献

[1] 陆琦 . 潮阳西园 [J]. 广东园林，2007，29（2）：78-79.
[2] 邓其生，彭长歆 . 潮阳西园：中西合璧的岭南近代园林 [J]. 中国园林，2004，20（6）：54-57.
[3] 陈坤达，陈礼明，黄雯雯 . 鸥汀背寨 [M]. 广州：广东人民出版社，2018：23.
[4] 赵青，钟庆 . 戊戌状元夏同和 [M]//《贵阳人文读本》编辑委员会 . 贵阳人文读本 . 贵阳：贵州人民出版社，2003.
[5] 潮阳市地方志编纂委员会 . 潮阳县志 [M]. 广州：广东人民出版社，1997.
[6] 汕头市文化广电新闻出版局 . 汕头市不可移动文物名录 [M]. 汕头：汕头大学出版社，2015.
[7] 潮阳市地方志编纂委员会办公室编 . 潮阳姓氏丛谈 [M]. 广州：广东人民出版社，1999.
[8] 黄志荣 . 千年古县：潮阳 [M]. 南方日报出版社，2021.
[9] 广东省汕头市潮阳区地方志办公室 . 潮阳文物志 [M]. 香港：天马出版有限公司，2011.
[10] 金利明 . 记住外砂：探索中国乡镇发展史 [M]. 广州：广东旅游出版社，2019.
[11] 周修东 . 汕头埠海关业 [Z]. 汕头：汕头市社会科学联合会，2019.
[12] 杨伟 . 潮海关档案选译 [M]. 北京：中国海关出版社，2013.
[13] 姚梅琳 . 中国海关史话 [M]. 北京：中国海关出版社，2005.
[14] 司马富，费正清，布鲁纳 . 赫德与中国早期现代化：赫德日记：1863—1866[M]. 陈绛，译 . 北京：中国海关出版社，2005.
[15] 陈嘉顺 . 妈宫故事和海岛历史：以妈屿岛近四百年变迁为中心的考察 [J]. 海洋史研究，2015（2）：315-334.
[16] 朱育友 . 雄踞汕头港口的旅游胜地：妈屿的一页血泪史 [J]. 岭南文史，1991（4）：41-42.
[17] 谢锡全 . 粤东明珠：妈屿岛 [J]. 航海，1990（4）：43.
[18] 李绪洪 . 新说潮汕建筑石雕艺术 [M]. 广州：广东人民出版社，2012.
[19] 蔡海松. 潮汕乡土建筑 [M]. 北京：文化艺术出版社，2010.
[20] 蔡海松. 潮汕乡土建筑装饰 [M]. 北京：中国摄影出版社，2021.
[21] 谢雪影 . 汕头指南 [M]. 汕头：汕头时事通讯社，1933.
[22] 潘醒农 . 潮侨溯源集 [M]. 北京：金城出版社，2014.
[23] 林馥榆 . 流连西园忆故主 [J]. 潮商 .2012（3）：74-75.
[24] 林馥榆 . 将忘的古城 [J]. 潮商，2011（3）：82-83.
[25] 林馥榆 . 这年，那年，妈屿岛 [J]. 潮商，2011（6）：84-85.
[26] 林蓁 . 保育活化老城 延续历史文脉：小公园开埠区焕发新活力 [N]. 汕头日报，2021-10-13（11）.
[27] 汕头西堤路骑楼实施试点修缮 [N] 南方日报，2016-09-22.
[28] 彭妙艳 ."趴狮"外话 [N]. 揭阳日报，2021-08-30（7）.
[29] 张伟炜，周厚雪 . 悠悠古寨情，漫漫岁月风 [N]. 南方日报，2021-12-14（TC04）.
[30] 陈焕溪 . 开发达濠古城文化刍议 [N]. 汕头日报，2014-01-20（09）.
[31] 沈丛升，许晓婷 . 为和美侨乡聚集正能量 [N]. 南方日报，2018-08-14（TC02）.
[32] 林楚南，郑雯佳 . 南澳"康氏宗祠"匾额有故事 [N]. 汕头都市报，2005-01-03.
[33] 赖淑英 . 12 个市示范文化祠堂名单出炉 [N]. 汕头特区晚报，2016-04-27（02）.
[34] 谢燕燕. 粤海清庙获颁联国文化资产保存优异奖 [N]. 联合早报，2014-09-03（06）.
[35] 西堤路骑楼 [EB/OL].（2018-01-16）[2024-05-01]. https：//www.swatow.net.cn/index/article/detail/id/42.
[36] 总投资 711.4 万元！"火焰社"通信处旧址将进行保护活化 [EB/OL].（2020-12-17）[2024-05-01].https：//www.sohu.com/a/438829733_120574100.
[37] 专访《作家在地狱》导演马远：创作让人从"装睡"中醒来 [EB/OL].（2020-11-08）[2024-05-01].https：//www.sohu.com/a/430438776_740643.
[38] 杨贵强 . 潮汕有大难，澄海塔山龙泉就干涸 [EB/OL].（2016-07-22）[2024-05-01]. https：//www.sohu.com/a/107167306_434830.
[39] 许壁锋 . 古地名见证浮陇沧海桑田 [EB/OL]（2018-07-22）[2024-05-01]. http：//strb.dahuawang.com/content/201807/22/c29588.htm.
[40] 李各力，赵映光，陈诗洁 . 深读粤东 | 汕头潮阳：岭南近代园林西园修旧如旧逐渐"复苏"[EB/OL].（2022-09-22）[2024-05-01]. https：//baijiahao.baidu.com/s?id=1744599320117335377.
[41] [和美汕头] 潮阳区：千年古县，海滨邹鲁 [EB/OL].（2022-04-24）[2024-05-01]. https：//mp.weixin.qq.com/s/SBlwoRXhP_MNia-nkRefKw.
[42] 寨堡式建筑群潮南东里古寨 见证潮商崛起传奇 [EB/OL].（2019-09-01）[2024-05-01]. https：//mp.weixin.qq.com/s/u8khqUCR8lf-nIhg8C3saA.
[43] 蓬沙书院底蕴深 分期修缮复原貌 [EB/OL].（2022-03-20）[2024-05-01]. http：//strtv.dahuawang.com/b/a/2022/3/20/content_dahua_68642.shtml.
[44] 一座藏在洪阳闹市的建筑典范 [EB/OL].（2023-11-15）[2024-05-01]. https：//mp.weixin.qq.com/s/froh2BlQvAddhOnqmjiBWQ.
[45] 庙会（普宁城隍公出巡）[EB/OL].（2022-12-20）[2024-05-01]. https：//mp.weixin.qq.com/s/_SMajD90kXia4onOuNpidA.
[46] 海兵 . 潮汕这座古城，南澳总兵府奉旨于濠岛所建 [EB/OL].（2022-03-30）[2024-05-01]. https：//mp.weixin.qq.com/s/FXJ1CaMsqonI0h11XM5XWw.
[47] 陈友义 . 潮汕人对关公的英雄崇拜 [EB/OL].（2023-02-15）[2024-05-01]. https：//mp.weixin.qq.com/s/Z-3Zz57TS1aQ50NVxV39rg.
[48] 曹伟宁 . 从"狮城威尼斯"到"新加坡硅谷"：榜鹅新镇发展之路 [EB/OL].（2023-03-02）[2024-05-01]. https：//mp.weixin.qq.com/s/ret08Xt7N7RpQX9CzU_dhA.

专业名词索引

地坪：潮汕居民建筑的地坪，人字形地坪隐喻有人气和人丁兴旺，丁字形地坪隐喻生男孩、添丁。

外埕：潮汕居民建筑宅院的外埕多用贝灰砂打夯而成，有的在大门前用条石铺成路。天井一般也用贝灰砂打夯而成，有钱的人家有的用花岗石条石铺设。

开井：潮汕民居建筑的天井，具有非常鲜明的地方特色，天井设置一般不大，平面进深与宽度之比，通常在1 ∶ 1与1 ∶ 1.45之间，也有较大者达1 ∶ 2，面积大多在二三十平方米，大的也就是三五十平方米，极少有超过100m^{2}的。天井一般用条板石砌成，也有用贝灰砂土打夯、贝灰浆抹面的。同时，天井讲究端方平正，以美生气，体现阴阳交合之美，潮汕人厌弃大而不当，讲究儒雅与精巧。天井四周设有明沟，以收雨水用。

厅堂：潮汕民居建筑的厅堂，作为崇天祭祀和喜庆宴聚的场所，其建筑形式一般是按宅院内规格最高的要求来设计的。它采用宅院最高的高度，最大的进深，最宽的面阔，以求达到恢宏、高大的效果。厅堂是最主要的地方，崇天敬祖、接客请客、家庭团聚、休闲娱乐、红白礼仪等都在厅堂进行。

下山虎：是一种三合天井式建筑，宅院形状如虎如狮，两个“伸手”就是虎和狮的前脚，因而得名。“下山虎”俗称“三间二伸手”，主座三开间，中间为大厅，左右为房间，开间也较小。前有天井，两侧为“伸手”，也称“厝手”，一般做厨房和储物房。天井前面为大门。

爬狮：是一种三合天井式建筑，将大门设置在两侧的“伸手”——行侧门，行侧门俗称“爬狮”。

过白：中国古代建筑中建筑间距的一种处理手法，要求后栋建筑与前栋建筑的距离要足够大，使坐于后进建筑中的人通过门樘可以看到前一进的屋脊，即在阴影中的屋脊与门樘之间要看得见一条发白的天光，此做法称之为“过白”。

乾梁：潮汕各地所建祠堂，厅上主梁（中楹）的中央彩绘有一幅伏羲八卦图，也称为“乾梁”或“天梁”。下方加配有“子孙楹”，称为“坤梁”或“地梁”。

四点金：典型民居。“四点金”的平面格局是以方形为基础的九宫格形式，中央为天井庭院，四正为厅堂，四维为正房，形成囲字形中心对称格局。它的最大特点是以中庭（天井）为中心，上下左右四厅相向，形成一个十字轴空间结构，这是同与之相类似的北方四合院最显著的不同之处。

“四点金”建筑面积大约250m^2，分前、后两进主座三开间。“四点金”前进为凹斗门楼和前厅，左右各有一前房；后进为主座，正中为大厅，左右也各有一后房，也称大房。前后进中间为天井，天井两边东西“伸手”连着前、后房，“伸手”敞开的称南北厅，也称侧厅，封闭的称房。“伸手”与前、后房之间各有小过道，俗称“八尺”，也称“格仔”，常在这里设有旁门通厝巷，这个旁门俗称“子孙门”。后房前“格仔”通常会做厨房用。

五间过：是前后两进均为五开间的平面布局，是“四点金”的横向增大型。“五间过”为二进一天井格局，其前后两进均为五开间，首进心间为门楼，两侧次间、稍间均为四间前房间；二进心间为大厅，两侧次间与稍间均为四间后房间。比起“四点金”，“五间过”的前后共增加4间房间，形成二厅、八房、两厝手、一天井的格局，就像是一座规模较大的“四点金”。“五间过”的另一种样式是“下山虎”的横向增大型，由后座、两厝手、前面围墙、庭院门楼围合天井而成。

三座落：也称“三厅亘”，可以形象地理解成三个厅组合的院落；是“四点金”纵向增大为三进二天井的建筑平面布局，相当于两个院落纵向串联在一起，比“四点金”增加了一进院落，前后天井两侧各有厝手（从屋）。首进中间为门楼，两侧为前房；二进中间为中厅（官厅），两侧为房间；三进中间为后厅，两侧为后房。除了房间是居住用，中厅用于会客和起居，后厅用于祭祀，厝手一般安排为餐厨、储物等配套用房。

双佩剑：“双佩剑”也称“二落二从厝”，是对“四点金”左右拱卫两座对称从厝的院落布局的简称。从厝与主座之间有厝巷（俗称火巷），从厝一般为五开间，即四房一厅，两侧从厝对称围护在主座左右；火巷前后可根据需要开前后火巷门，或只在前面开火巷门，主座有子孙门与火巷连通。也有的“双佩剑”厝局做了变通，将主座厝手打通敞开，用过水厅、过水亭形式，将主座厝手与巷厝厅连接起来，围绕着中间大天井，形成“四厅相向”的布局。

单佩剑：“单佩剑”也称“二落一从厝”，是对“四点金”单侧增加了一边从厝的院落布局的简称。所以，“单佩剑”厝局就是“双佩剑”厝局减少了一边火巷和从厝，这种布局一般都是由于场地的限制所采用。

竹竿厝：是因厝的平面长宽比悬殊、形状狭长，似竹竿而得名。“竹竿厝”多为单开间样式，平面呈长方形，一般面阔为4~5m（15~21吉瓦），进深为面阔的3~5倍。“竹竿厝”一般厅、房合一，前有小院，后有天井厨房。在乡村，通常是几间“竹竿厝”连成一排。

驷马拖车：也称“三座落四从厝”，是对4座“四点金”将1座“三座落”拱卫并行的院落群体的简称和拟称，是一种多院落、多天井、规模宏大的院落群体。“驷马拖车”由中央一座“三座落”建筑为主体，两侧配以4条从厝（火巷厝）；后来又演进为以“三座落”建筑为中心，左右由4座“四点金”拱卫，一般“三座落”作为祠堂使用，“四点金”作为居住生活用房，这些院落通过纵横巷道（火巷）交织在一起。完整的“驷马拖车”还有其前面的阳埕和照壁、后面的后巷和后包厝以及围墙的闭合作为配套，形成一个封闭的大群落。“驷马拖车”平面规矩方正，以主分金为中轴线，讲究左右对称，是一个功能复杂完善、布置井然有序的潮汕特色建筑群。

骑楼：是近代商住合一的建筑形式。外国券柱廊式建筑形式传入广东后，与当地建筑特点长期融合演化而逐步发展成的一种具有岭南特色的建筑形式。骑楼一般是上居下店，建筑物一楼临近街道的部分建成连续有遮蔽的走廊，走廊上方则为二楼的楼层，犹如二楼“骑”在一楼之上，故称为“骑楼”，潮汕地区称为“五脚砌”。

亚答：[yà dá]（屋）是指南洋传统建筑风格。此类建筑最大特点是房子的全部结构都建在离开地面的支柱上，房屋陡斜的屋面是用棕榈叶覆盖的，墙面通常用树皮或木板制成。亚答屋可建于沼泽上形成浮脚屋。

嵌瓷：俗称“聚饶”“贴饶”“扣饶”，是潮汕地区富有地方乡土特色的建筑装饰艺术，是以绘画、雕塑为基础，将形状各异的彩色碎瓷片，用专业胶水黏结在灰泥上，镶嵌成各种平面、立面以及浮雕的手工艺。嵌瓷不仅不怕风吹雨打日晒，相反经过雨水冲淋之后，在阳光下更加熠熠生辉，能很好地适应当地多风雨侵蚀的气候特点。

金漆木雕：金漆木雕是在木雕的基础上发展而来的，对有雕花构件做贴金。雕花构件若表面全部贴金，则为“金漆木雕”；若表面部分贴金、部分彩绘则为“五彩”。

屋架（三载五木瓜）：潮汕祠堂后厅梁架中跨一般用“三载五木瓜，五脏内十八块花坯”的梁架结构，即直梁抬梁式结构，这是最具潮汕地域特色的典型梁架。是由三条“大载”作为替力梁和五粒“木瓜”连接上下载的结构形式，采用斗、筒、弯板、凤冠、楚尾等雕花构件连接。屋架采用童柱（短柱）支撑屋面桁。这些童柱（短柱）做成夸张的三棱南瓜造型，所以称为木瓜。这种由三根横梁（潮汕称“载”）和五段“木瓜”组成的梁架结构潮汕地区称为“三载五木瓜”。

后记

唐宋以来，千里南迁的中原人在潮汕扎根。潮汕古建筑既受到中原建筑和八闽、江南建筑文化影响，又因当地的自然、人文和工艺特征等因素，逐渐形成与中国建筑文化既一脉相承又兼具鲜明地域特色的建筑风格。此外，由于商业经济和地域条件独具特色，潮汕建筑在建筑形制上很少受到宋代《营造法式》及清工部《工程做法则例》等官式建筑资料的影响，形成了自身多样的建筑类型及鲜明的地域风格，是中国传统建筑文化的重要组成部分。

为弘扬、传承中华优秀传统建筑文化，为我们的子孙后代留下宝贵财富，让读者感受到潮汕文化的博大精深，本书历经三载，增删无数，凝聚了众多工匠的智慧，终于付梓。

本书是纪传英先生多年来从事文物建筑修复、传统建筑工程设计和营造过程中，对潮汕传统建筑经验积累的小结。合著作者北京建筑大学肖东研究员长期从事传统建筑研究，是文物建筑保护规划和设计的资深学者，两人各骋所长，相得益彰。经两位作者的不断探索和研究，以及彼此智慧与经验的融合，最终总结成书，力求更准确、更全面地呈现潮汕古建筑的魅力。

在实地考察和资料收集的过程中，本书作者得到了纪雪山、纪雪峰、纪雪飞、纪东阳、纪东宜、程霏、纪桂松、许剑英，郑仲标、刘韵洁等众多传承人、学者和专家们给予的宝贵意见及帮助，以及纪传英团队一线匠师们的全力支持，这个过程也让作者对潮汕古建筑有了更深刻、更全面地解读与剖析。

本书承蒙中国艺术研究院建筑艺术研究所原所长刘托，华南理工大学教授、古建筑专家吴庆洲在百忙之中分别为本书作序，并审核了书稿，提出有益见解。借本书出版之际，向在本书撰写过程中给予过帮助的专家、学者及同仁一并表示衷心谢意。

感谢中国建筑工业出版社的李成成老师和编辑团队，付金红老师、史瑛老师对本书的出版付出的大量辛勤、细致的工作及专业的指导意见。

本书为潮汕古建筑营造阶段性的研究成果，书中难免会有资料收集不全和疏漏、不确切之处，敬请读者不吝指正。

图书在版编目（CIP）数据

潮汕古建筑营造 / 纪传英，肖东著 . -- 北京：中国建筑工业出版社，2024. 10. -- ISBN 978-7-112-30425-7

Ⅰ. TU-092.965.2

中国国家版本馆 CIP 数据核字第 2024QT6611 号

数字资源阅读方法：

本书提供与内容相关的古建筑营造视频作为数字资源，读者可使用手机 / 平板电脑扫描右侧二维码后免费阅读。

操作说明：

扫描右侧二维码→关注“建筑出版”公众号→点击自动回复链接→注册用户并登录→免费阅读数字资源。

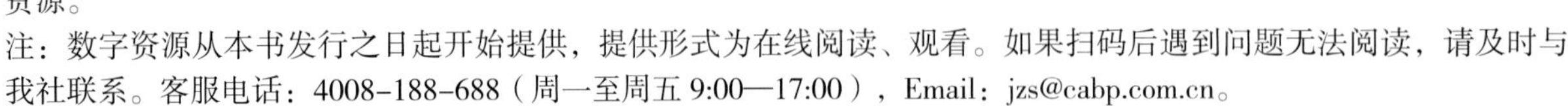

注：数字资源从本书发行之日起开始提供，提供形式为在线阅读、观看。如果扫码后遇到问题无法阅读，请及时与我社联系。客服电话：4008-188-688（周一至周五 9:00—17:00），Email：jzs@cabp.com.cn。

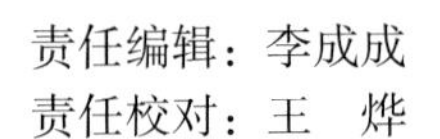

责任编辑：李成成
责任校对：王　烨

潮汕古建筑营造
纪传英　肖　东　著

*

中国建筑工业出版社出版、发行（北京海淀三里河路 9 号）
各地新华书店、建筑书店经销
北京海视强森图文设计有限公司制版
天津裕同印刷有限公司印刷

*

开本：880 毫米 × 1230 毫米　1/16　印张：$16^3/_4$　插页：1　字数：433 千字
2025 年 3 月第一版　2025 年 3 月第一次印刷
定价：**238.00** 元（赠数字资源）
ISBN 978-7-112-30425-7
（43772）